環境水理学

土木学会水工学委員会
環境水理部会

Environmental Hydraulics

March, 2015

Japan Society of Civil Engineers

口絵2.1　宮ヶ瀬ダム上空から相模川・相模平野・相模湾を望む

口絵2.2　フラッシュ放流前(左)と放流中(右)の様子(筑後川上流・大山川)

口　絵

口絵3.1　宍道湖と中海の鳥瞰図および中海で起こった魚の斃死．両者の面積を合わせると国内最大の汽水湖．この汽水湖では，強固な塩分成層に生じる貧酸素水塊のセットアップとともに，青潮や酸欠による魚の斃死が見られることがある．（国土交通省中国地方整備局出雲河川事務所提供）

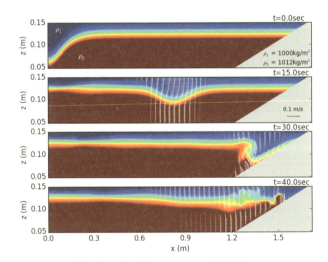

口絵3.2　内部ソリトン（内部孤立波）の斜面上における砕波現象．Michallet and Ivey (1999) が室内実験で行った結果を数値シミュレーションで再現した．実際の海洋においても，内部ソリトンが沿岸域の斜面上で砕波することによって，上下層間の混合，および斜面上に存在する堆積物質の再浮上の可能性が指摘されている．

口絵4.1 長野県南木曽町での土石流現場．台風8号の通過により時間雨量70mmの降雨があり，木曽川支流から水と土砂が流出し，本川に流入した（2014年7月11日，株式会社パスコ提供）．

口絵4.2 嘉瀬川（佐賀県）の中流部における砂礫の様子．花崗岩質の砂が波高5〜10cm，波長0.3〜1mの河床波を形成している．

口　絵

口絵4.3　洪水時のウォッシュロード(福岡県・筑後川の源流部)．通常，河川の洪水時にはウォッシュロードのみが視認され，河床付近の掃流砂や浮遊砂の移動状況を確認するのは非常に困難である．

口絵4.4　河口域の底質(福岡県筑後川)．砂層の上にシルト・粘土が堆積．沈降速度と掃流力の関係で，通常は粒径が100～1000倍異なる粒子は同じ場所に堆積し得ないが，河口汽水域ではフロックが形成されてそれが可能になる．

【珪藻】

オビケイソウ　　　　　ハリケイソウ　　　　　チャヅツケイソウ
(*Fragilaria* sp.)　　　(*Synedra acus*)　　　(*Aulacoseira* sp.)

【緑藻】

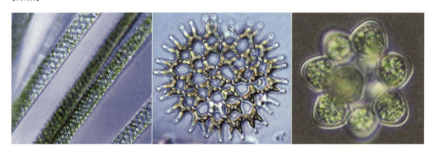

アオミドロ　　　　　　クンショウモ　　　　　コエラストルム
(*Spirogyra* sp.)　　　(*Pediastrum* sp.)　　　(*Coelastrum* sp.)

【シアノバクテリア・藍藻】

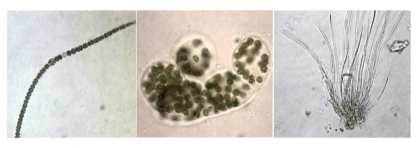

ネンジュモ　　　　　　ミクロキスティス　　　　ビロウドランソウ
(*Anabaena* sp.)　　(*Microcystis wesenbergii*)　(*Homoeothrix janthina*)

口絵5.1　植物プランクトンの顕微鏡写真

口　絵

【原生動物】

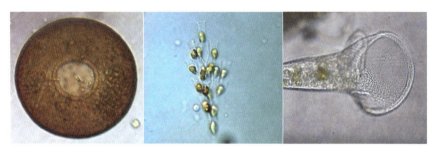

　　ナベカムリ　　　　　　　サヤツナギ　　　　　　　ラッパムシ
　（*Arcella* sp.）　　　　（*Dinobryon* sp.）　　　　（*Stentor* sp.）

【輪形動物・節足動物】

　エナガワムシ　　　　　ケンミジンコ　　　　　シカクミジンコ
（*Monostyla* sp.）　　　（COPEPODA）　　　　（*Alona* sp.）

口絵5.2　動物プランクトンの顕微鏡写真

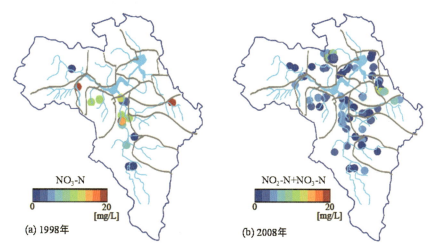

口絵5.3 印旛沼流域における湧水中のNO_3-N濃度

口絵5.4 徳島県那賀川における付着藻類の異常繁茂

口 絵

口絵5.5 ダム湖におけるアオコの処理

口絵6.1 東京湾の赤潮（上）と青潮（下）の様子（千葉県環境研究センター提供）

口絵6.2 室生ダムの土砂還元(奈良県)

口絵6.3 フラッシュ放流中の九頭竜川水系真名川ダム(福井県)

口 絵

口絵6.4　木曽川(岐阜県笠松近辺)の樹林化(上：1973年，下：2007年，国土交通省中部地方整備局木曽川上流河川事務所提供)

「環境水理学」刊行に際して

　1988年に土木学会水工学委員会の前身母体である水理委員会に基礎水理・環境水理・水文の三部会が設立された．以来，環境水理部会は他の部会とともに水工学をたくましく牽引してきた．部会が調査研究の実質的な推進力であったことは間違いなく，三部会の設立は水工学史の一里塚である．現在の水工学委員会は，三部会＋河川部会や小委員会群などにより体系的に構成され，技術者・研究者のためのプラットホームとアンブレラの役割を果たしている．

　環境水理部会は当初より名称を変えていないが，その活動内容は著しく日進月歩を果たした．発足当時と現在の守備範囲・深度を比べれば隔世の感がある．進化し続ける学術分野の使命は，最新の学術成果を素材とする知識体系"Body of Knowledge"を時節毎に組み立て次世代へと橋渡しを続けることである．水工学委員会の起源が1940年発足の水理公式調査委員会にあることからもわかるように，当委員会は知識体系の継続的更新を最重要使命と位置づけている．本書はまさにこれを具現化する時期を得たプロジェクトと考える．

　1980年代後半には河川環境の気運がすでに熟しつつあったものの，塩水くさび・温排水・貯水池の冷水害・濁水害など，治水・利水面からの密度流研究が環境水理学の大半を占めていた．地球流体のほとんどが成層流であることを考えれば，密度流が水環境上の重要課題であることは間違いない．しかし，当時，環境と治水，あるいは環境と利水がトレード・オフの関係に位置づけられ，ほとんどの水理学がエコシステムから切り離されているなど，環境水理学には改正前の河川法の色合いが反映されていた．その一方で，このような背景が災いするのではなく，多くの環境水理学関係者は物理素過程の核心に目を向け様々な水理学的普遍則が研究成果として生み出された．流れ・濃度などの水理量だけではなく，水系に介在する生物・化学過程についても定式化が進んだ．こうした素過程に関する知見を積み上げて複雑な水圏環境を演繹的に読み解くアプローチは水工学の得意とするところである．逆に，生物・化学分野では，水質・生態系など環境因子の実態（結果）を観察して水圏環境の仕組みを読み解く帰納的アプローチに長けている．同じ水圏環境に向き合いながらこのように分野毎に研究志向は対照的であったが，観測技術のイノベーション，情報科学・数

値解析の飛躍的進展，研究者への現場の開放と情報提供，などによって現地での観測研究の機会が大幅に増加し，研究分野のクロスオーバー化が進んだ．対象とする環境媒質は，熱・塩分・濁度だけではなく，様々な固気液物質そして動植物さらに社会現象へと拡がり，もはや研究成果を全て普遍則へ還元することは難しくなりつつある．研究フィールドの空間規模も微視的な生物・界面現象から大陸・地球規模に至るまで広範にわたる．かつて治水・砂防をもっぱらの研究目的としていた土砂水理学も，現在では河川環境に関する研究が多くを占めている．

部会発足から40年足らずで環境水理学はこのように大きく進化したが，今後も水理学を骨格とすることは変わりない．水圏にはきわめて多種・多様の環境水理現象があるため，それらの諸法則・事例を限られた紙面に全て列挙することは難しいが，本書には個々の要点が手際よくまとめられている．現象と原則の関係が視覚化されて初学者にはわかりやすい入門書であるとともに，実務者にとっても環境水理学体系を俯瞰できるインデックスを提供している．本書に集約された知識体系が読者の体内へと同化され，持続可能社会の形成に貢献できる人材が育成されることを切に願う．

末尾となるが，本書出版の労にあたられた二瓶泰雄氏をはじめとする環境水理部会関係者各位に深甚なる敬意と謝意を表し刊行の序とする．

土木学会水工学委員会委員長
道奥康治（法政大学教授）

はじめに

　本書を手に取って頂いた人々は，本書のタイトル「環境水理学」という言葉や対象範囲をどの程度認知しているだろうか？

　1990年代以降の自然環境保全の機運の高まりや，それに伴う環境関連の法律の制定・改正（河川法，海岸法等）により，環境保全を前提とした河川・海岸整備や水辺づくりが必須のものとなっている．河川や海，湖沼などの自然界の「水環境」を理解し，適切に保全・管理していく上では，水の運動を扱う「水理学」の知識を基礎とし，水の運動や様々な環境現象を有機的に結びつけていく必要がある．このような「水理学」と「環境学」を融合し，発展してきたものが「環境水理学」である．

　筆者らは，土木学会水工学委員会の中の「環境水理部会」（以下，部会と称す）という総勢30名強の部会に所属している．部会が発足した1980年代当時，環境水理学の主な研究対象は，物質の分散・拡散や温排水等の密度流，植生場・水制周りの流れなど，応用的な水理学が中心であった．その後，各時代の社会的要請や研究ツール（観測・分析機器や数値シミュレーション手法）の技術革新や高度化も相まって，自然水域における熱・塩分環境，土砂環境，水質環境，生態系へと対象を拡大していった．また，河川や湖沼，沿岸海域は，陸域も含めて，「水」を介した繋がりを持っているため，環境水理学の研究エリアは河川や湖沼，沿岸海域や周辺域を包含する流域圏となる．

　このように環境水理学の対象は多種多様に広がる一方で，環境水理学の基礎的知見を本格的に取りまとめた教科書は皆無であった．水環境は，非定常性が強く，水域固有の現象となる側面もあるため，そこから一般的・普遍的現象を抽出できない場合が少なからずある．似たような現象を議論していても，「これは〇〇川の話だから」，「あの結果は，たまたま△△の気象条件が発生したから」と同じ土俵で議論されないことも散見された．また，同じ現象でも，河川や湖沼，沿岸海域で見方や捉え方が異なることが多かった．そのため，「様々な水域で得られた知見から抽出される普遍的な環境水理学の現象は何か」や「環境水理学に関わる研究者・技術者が，最低限知っておくべき知見は何か」などという疑問が湧いてきた．さらに，部会メンバー間でも，「環境水理学の定義は

はじめに

何か」，「環境水理学の対象範囲はどこまでか」という冒頭の質問に明確に答えられずにいた．これらの疑問を解消することが，本書を作ることになった動機である．

　本書は，2011年夏頃に企画され，約3年の月日をかけて仕上げた．その間，執筆者相互の原稿チェックや原稿の読み合わせ・修正を繰り返し行ってきた．その作業を通じて，お互いに当たり前と思っていたことが実はよく分かっていなかったり，同じ現象に対して別々の用語を使っている場面に多々遭遇した．加えて，本書は，学部3，4年生もしくは大学院生用の教科書として執筆することを念頭にしたことから平易に書き直すように執筆者に修正を依頼したため，執筆・修正に多くの時間を要した．計16名の執筆者の尽力により，現時点において環境水理学として知っておくべき内容を網羅的に示すことはできた．ただし，水環境分野の進展は著しく，本書の内容を大幅に改訂すべき時期がすぐにでも来るかもしれない．その改訂・執筆は，環境水理学を専門とする現在の若手もしくは未来の研究者・技術者に託したい．

　最後に，編著者の様々な注文に最後まで丁寧に対応し，執筆・修正して頂いた全ての著者の皆様に深く感謝する次第である．本書に図表の掲載を許可して頂いた関係者の皆様に感謝申し上げると共に，本書の出版を許可して頂いた公益社団法人土木学会及び同学会水工学委員会の関係各位に厚く御礼を申し上げる．

編著者　二瓶泰雄（東京理科大学准教授）

執筆者一覧（順不同，敬称略，2014年11月現在）

1章	主査	二瓶	泰雄	東京理科大学　理工学部土木工学科
2章	主査	矢野	真一郎	九州大学　大学院工学研究院環境社会部門
		竹林	洋史	京都大学　防災研究所流域災害研究センター
		湯浅	岳史	パシフィックコンサルタンツ（株）　経営企画部
3章	主査	矢島	啓	鳥取大学　大学院工学研究科社会基盤工学専攻
		新谷	哲也	首都大学東京　都市環境学部都市基盤環境コース
		宮本	仁志	芝浦工業大学　工学部土木工学科
4章	主査	竹林	洋史	既出
		横山	勝英	首都大学東京　都市環境学部都市基盤環境コース
5章	主査	赤松	良久	山口大学　大学院理工学研究科社会建設工学専攻
		井芹	寧	西日本技術開発（株）　環境部
		井上	徹教	（独）港湾空港技術研究所　海洋情報・津波研究領域海洋環境情報研究チーム
		今村	正裕	（一財）電力中央研究所　企画グループ
		土屋	十圀	中央大学　理工学研究所・大学院都市環境学専攻・国際水環境学分野
		二瓶	泰雄	既出
		宮本	仁志	既出
		湯浅	岳史	既出
6章	主査	土屋	十圀	既出
		大石	哲也	（独）土木研究所　水環境研究グループ自然共生研究センター
		櫻井	寿之	国土交通省　国土技術政策総合研究所　河川研究部大規模河川構造物研究室
		角	哲也	京都大学　防災研究所水資源環境研究センター
		二瓶	泰雄	既出
		宮本	仁志	既出

目　次

「環境水理学」刊行に際して ……………………………………………………… i
はじめに ……………………………………………………………………………… iii
執筆者一覧 …………………………………………………………………………… v

第1章　流域圏の環境水理学
1.1　環境水理学とは ……………………………………………………………… 1
1.2　本書の構成 …………………………………………………………………… 3

第2章　水の動態
2.1　流域圏における水循環に関わる諸問題 …………………………………… 6
2.2　水循環に関わる物理的な素過程 …………………………………………… 10
　2.2.1　流体力学的過程 ………………………………………………………… 10
　2.2.2　水文学的過程 …………………………………………………………… 16
　2.2.3　河川水理学に関する過程 ……………………………………………… 21
　2.2.4　地下水理学に関する過程 ……………………………………………… 23
　2.2.5　海洋物理学・湖沼学に関する過程 …………………………………… 27
2.3　水・物質輸送の基礎方程式系 ……………………………………………… 38
　2.3.1　水の運動と物質の輸送を解析するには？ …………………………… 38
　2.3.2　基礎方程式の定式化 …………………………………………………… 40
2.4　流域圏における水収支 ……………………………………………………… 49
　2.4.1　湖沼・沿岸域の水収支 ………………………………………………… 49
　2.4.2　流域圏における水収支算定上の問題点 ……………………………… 52

第3章　熱・塩分の動態
3.1　流域圏における熱・塩分動態に関わる諸問題 …………………………… 55
　3.1.1　水温と塩分 ……………………………………………………………… 55
　3.1.2　熱・塩分の動態に関わる諸問題 ……………………………………… 56
3.2　熱・塩分環境に関わる基礎事項 …………………………………………… 58

3.2.1　放射エネルギーと光 ……………………………………………… 58
　　3.2.2　熱・水温 …………………………………………………………… 61
　　3.2.3　塩分 ………………………………………………………………… 64
　　3.2.4　密度の算出 ………………………………………………………… 66
　　3.2.5　密度差に起因する流れ …………………………………………… 68
　3.3　流域圏及び各水域における熱・塩分動態の特徴 …………………… 77
　　3.3.1　熱・塩分に関する基礎方程式系 ………………………………… 77
　　3.3.2　河川・沿岸域・湖沼における水温の基本的特徴 ……………… 78
　　3.3.3　河川における熱環境の変動特性と収支 ………………………… 81
　　3.3.4　湖沼における水温・塩分の変動特性と収支 …………………… 88
　　3.3.5　沿岸域における水温・塩分変動特性 …………………………… 94
　3.4　熱・塩分収支算定上の問題点 ………………………………………… 96

第4章　土砂・懸濁物質の動態

　4.1　流域圏における土砂・懸濁物質の特徴と諸問題 …………………… 100
　　4.1.1　土砂の分類と輸送の基本的特徴 ………………………………… 100
　　4.1.2　流域圏の土砂・懸濁物質に関する諸問題 ……………………… 104
　4.2　土砂及び懸濁物質の輸送特性と地形 ………………………………… 106
　　4.2.1　流域 ………………………………………………………………… 106
　　4.2.2　河川 ………………………………………………………………… 109
　　4.2.3　湖沼・河口・沿岸域 ……………………………………………… 114
　4.3　流域圏における土砂・懸濁物質動態 ………………………………… 117
　　4.3.1　流砂のモデル ……………………………………………………… 117
　　4.3.2　土砂・懸濁物質動態モデル ……………………………………… 124
　　4.3.3　河床変動モデル …………………………………………………… 129
　　4.3.4　停滞水域における懸濁物質輸送のモデル化 …………………… 134
　　4.3.5　流域スケールでの土砂・懸濁物質収支 ………………………… 135
　　4.3.6　流域スケールでの土砂・懸濁物質収支を把握する上での注意事項 …… 145

第5章　水質の動態と生態系

5.1 流域圏における水質・生態系に関わる諸問題 ……………………… 148
5.1.1 水質と生態系とは ……………………… 148
5.1.2 水質・生態系に関わる諸問題 ……………………… 150
5.2 水質と生態系の基礎 ……………………… 153
5.2.1 炭素，窒素，リンについて ……………………… 153
5.2.2 基礎的な水質項目 ……………………… 157
5.2.3 水域別の生態系基礎 ……………………… 165
5.3 流域圏及び各水域における窒素・リン動態 ……………………… 176
5.3.1 流域での発生・排出負荷 ……………………… 176
5.3.2 河川 ……………………… 183
5.3.3 土壌・地下 ……………………… 188
5.3.4 湖沼 ……………………… 192
5.3.5 沿岸海域 ……………………… 195
5.4 流域圏における栄養塩収支 ……………………… 197

第6章　流域圏における環境水理学的な課題の現状と対策

6.1 湖沼・内湾の富栄養化 ……………………… 205
6.1.1 全国の湖沼・内湾における富栄養化状況の推移 ……………………… 205
6.1.2 富栄養化の原因 ……………………… 207
6.1.3 汚濁負荷削減対策と効果（ケーススタディ：印旛沼）……………………… 209
6.1.4 貧栄養化 ……………………… 214
6.2 ダム ……………………… 214
6.2.1 ダムの概要とそれに関連する環境水理学的課題の概要 ……………………… 214
6.2.2 貯水池水質管理 ……………………… 217
6.2.3 貯水池土砂管理 ……………………… 220
6.3 河川の樹林化 ……………………… 223
6.3.1 樹林化現象とその環境水理学的課題 ……………………… 223
6.3.2 全国河川における樹林化の現状 ……………………… 225
6.3.3 樹林化に到る植生遷移のプロセス ……………………… 225

  6.3.4 樹林化対策とその効果，現象解明への今後の課題 ･････････････････ 227
6.4 河川生態系と撹乱の関係 ･･･ 230
  6.4.1 河川生態系における撹乱の要因 ･･･････････････････････････････････ 230
  6.4.2 洪水撹乱の影響に関する研究事例 ････････････････････････････････ 234
  6.4.3 河川生態系の回復に向けて ･･･････････････････････････････････････ 238

演習問題解答 ･･･ 241
引用・参考文献 ･･･ 247
索引 ･･･ 255

第1章 流域圏の環境水理学

1.1 環境水理学とは

　人類の4大文明が大河のほとりから発祥しているように、人間の生活には古来より「水」との関わりは必須である．我々は水を利用し（**利水**，water use），水の脅威から生命・財産を守り（**治水**，flood control），新たなエネルギーを生み出すために（**発電**, electric power generation），様々な技術を築き上げている．このような技術の基礎となる，水の流れ（力学）に関する学問を体系的にまとめたものが**水理学**（hydraulics）である．水理学は，元来，経験工学的に進展してきたが，古典力学の一つである**流体力学**（fluid mechanics）の理論的・数学的進展とともに，水理学も理論体系化されるようになった[1]．水理学において対象とする"水の流れ"は，上下水道などの管路流や河川などの開水路流のみならず，地下や湖沼・海域における流れなども含まれる．水理学は自然災害からの防御と社会インフラを支えるものであり，土木工学を構成する基礎学問の一つとして大学の初学者向けの講義として扱われ，河川工学や海岸工学，沿岸海洋物理学などのベースともなっている．

　自然水域（河川・湖沼・沿岸域等）では，1960年代の高度経済成長期前後に発生した公害問題に端を発し，水質汚濁が多くの水域で生じるなど「水環境」に関する問題が全国各地で発生している．また，開発事業に伴う自然環境の喪失や漁獲量の経年的な減少，干潟での二枚貝の激減，サンゴの白化などの生態系の劣化や生物多様性の喪失なども問題視されている．これらの問題は，水の流

れに関するこれまでの水理学の範疇を大きく越えており，その枠組みの再構築が求められている．上記の問題に対処するための新たな学問が**環境水理学**(environmental hydraulics) である．

　自然水域を対象とする水環境学(環境工学等)や生態学は，それぞれ精力的に研究され，学問分野として体系化されている．水域の環境や生態系は往々にしてその場の水の流れから大きな影響を受けており，水の流れが水質環境や生態系のベースとなっている．環境の基本構成要素である水温や塩分は，流れ場の密度変化を介して水の流れに大きな影響を与えるとともに，様々な物質の化学反応や生物の生息環境の重要な影響因子となる．同じく環境の構成要素である土砂・懸濁物質は，水中の光環境に大きな影響を与えて植物プランクトンや水生植物の光合成の阻害要因となると共に，土砂の堆積・巻上げなどに伴って地形変化が生じる．この地形変化は，流れ場が変化することのみならず，生物の生息空間にも大きく影響を与えている．水の流れは，物質輸送という形で様々な物質の時間的・空間的変化を規定している一方，物質輸送の結果として得られる密度場や地形の変化が流れ場に影響を与える．このように，自然水域における流れ場(水理学)を考える際には，熱や塩分に加えて，土砂，栄養塩等の様々な物質の挙動を取り扱うのは必須である．このため，図1.1に示すように，「水の流れ」のみを対象とする水理学と異なり，環境水理学は，対象とする水域や物質を大幅に拡張したものを取り扱う．

　さらに，自然水域における環境や生態系は，各水域内の局所的な条件のみで決まるわけではない．すなわち，河川や湖沼，沿岸海域は，流域も含めてお互いに繋がっているため，各地先の周辺域(多くは上流域)からの影響を大きく受けることになる．また，湖沼や内湾は，周囲を陸地で囲まれて閉鎖性が高い水域(閉鎖性水域)と分類されるが，河川や地下を通じて流域からの水・物質の流入があり，湖沼・内湾の水環境は水域外からの影響も強く反映されている．このように自然水域は様々な水域と繋がれた状況下に置かれているため，河川，河口，湖沼，沿岸海域の環境を細分化して扱うよりも，流域も含めて統合的に扱う必要がある．そのため，これまで，河川は河川工学，海岸は海岸工学などと水域毎に学問体系は分かれていたが，環境水理学のターゲットは，それらを包含した流域圏(河川や湖沼，沿岸海域及びそれらの流域)における水・物質動

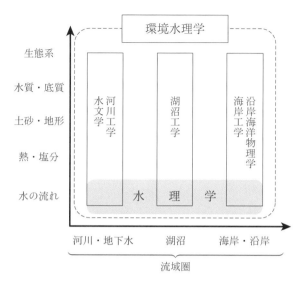

図1.1 環境水理学及び水工系学問の主な対象範囲

態である(図1.1).

　これらのことに基づいて，環境水理学を定義付けすると，「流域圏における水理現象や水循環を基礎とし，それらと密接に関係する熱・塩分，土砂・地形，水質・底質，生態系の実態解明及び理論体系化を促進するとともに，これら流域圏環境を保全・改善するための技術体系を支える学問」とすることができる．

1.2　本書の構成

　河川や湖沼，沿岸海域における水環境や生態系に関わる現象を理解し，そこで生じている環境問題を解決する方向に導くためには，各現象を河川，湖沼，沿岸海域と分断・細分化して扱うのではなく，水・物質循環を流域から河川，地下，湖沼，沿岸海域にわたり俯瞰的に扱うことにする．そこで，本書の構成に当たり，以下の4つを基本方針とする．

1) 対象となる物質(水，熱・塩分，土砂・懸濁物質，水質・底質，水域生物)の動態に関して，自然水域(河川，湖沼，沿岸海域とその流域)毎に分けずに対象物質ごとに章を分け，流域から河川，湖沼，沿岸海域に至るま

での対象物質の動態を記述する．ここでは，「水」の動態(2章)の後に，「熱・塩分」，「土砂・懸濁物質」，「水質と生態系」に関して述べる(各々3，4，5章)．

2) 対象物質の輸送方程式の基本的枠組みは共通しているので，流れの運動方程式と対象物質の輸送方程式系を，一，二，三次元別にまとめて列挙する(2章)．対象物質の説明では，発生項(ソース項)や減衰項(シンク項)を中心に記述する(3，4，5章)．

3) 環境水理学における目的の一つが流域圏における水・物質収支を明らかにすることであるので，対象物質の収支特性に関する最新の知見を記述するとともに，そこでの課題も列挙する(2～5章)．

4) 流域圏における環境水理学に関わる現代的な課題やその対策に関して記述する(6章)．

図1.2 流域圏における環境水理学的課題の一例

4) の課題として，流域圏の水・物質動態に関わるものの一例を取りまとめたものを図1.2 に模式的に示す．図中には，流域圏における環境水理学的な課題（白抜きの太字）とそれらの関連する要因（黒字）を分けて示している．最も代表的な課題としては，内湾や湖沼において水質環境が悪化し，その改善が見られない"富栄養化"の問題が挙げられる（6.1）．この富栄養化には，流域から河川や地下を通じて汚濁物質が過剰に流入していることが一因となっており，この汚濁物質流入（汚濁負荷）は家庭や工場などからの「点源負荷」と市街地・農地からの「面源負荷」から構成される．また，ダムによる水温・土砂・水質環境への影響や対策，河川における樹林化の進行，河川生態系とそれへの洪水擾乱の影響等について6章において詳述している．その他にも，海岸・沿岸域の問題と捉えられやすい海岸侵食や海ごみも，土砂やごみの発生源が流域であることから，流域圏の環境水理学的課題として位置づけられる．

演 習 問 題

(1) 自身の居住地の近くにある河川の概要（流路延長，流域範囲と面積，土地利用状況など）を調べよ．
(2) 身近な河川（もしくは湖沼，沿岸海域）における環境問題について調べよ．

第2章

水の動態

2.1 流域圏における水循環に関わる諸問題

　我が国では水俣病やイタイイタイ病に代表される公害の時代を経て，総量規制などの努力により人命に直結するような重大な水質障害こそ無くなったものの，三大湾（東京湾・伊勢湾・大阪湾を含む瀬戸内海）や有明海における有機汚濁に起因する貧酸素水塊の発生による底生生物への影響，ダム・堰により河川の連続性が分断されたことによる生態系への影響など，多くの解決すべき環境水理学的な問題が山積している．これら流域圏の環境水理学的な問題では，気象・水文特性，水理特性，地形・地質特性，熱特性，水質特性，底質特性，生態特性，生物特性，人間活動特性，文化・景観特性などを考慮する必要がある．本章では，これらのうち，水循環に関わる水文特性，ならびに水理特性について主に取り扱う．

　地球全体における水の現存量は，図2.1に示すように推定されている[1]．水の大半は海水であり，淡水は2.5%しかない．また，そのうち氷河を除く0.76%が地下水と河川・湖沼水などの我々の身近にある淡水となる．これは，ストックとしての水の量を示している．これは割合として示せば非常に小さいという印象を与えるが，総量としては0.111億km^3であり，世界の人口を70億人として人間一人当たりに換算すると160万m^3程度となる．全世界での年間取水量は約3,800 km^3/年と見積もられており，氷河を除く淡水総量の0.34%である[1]．

　図2.2は地球規模で見た水循環のフロー[1]を示す．ここでは，気圏・地圏・

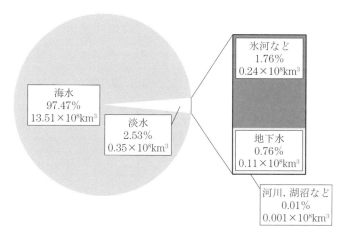

図 2.1　地球上の水の現存量[1]

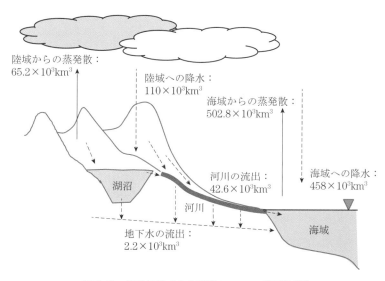

図 2.2　地球規模での水循環のフロー（年間値）[1]

水圏の間を移動する水循環のフローを考える必要がある．一方，地域規模である流域圏での水循環では，これらのうち気圏での部分を除いて議論されることが多い．具体的には，図 2.3 に示すように，流域への水の加入は降水（降雨，降雪等）の水文情報として与えられ，陸域への降水は河川水や地下水として流

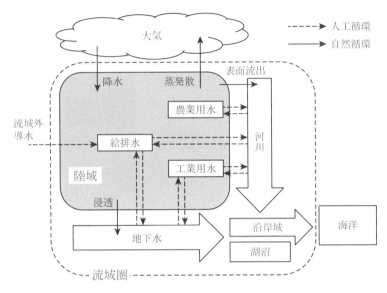

図2.3 流域圏における水循環フローの概念図

下し,その出口として湖沼・沿岸域等を考える.

　以上のような水循環過程に加えて,環境水理学的な問題では河川・湖沼・沿岸域という水域毎の水理現象を検討することが求められる.それらは水域の種類により一般的に見られる特徴と,水域毎に観察される固有の特徴がある.前者は,表2.1に示すように,河川では特徴的な地形特性(瀬淵や蛇行・湾曲部等)と関係した流速鉛直・横断分布,湖沼では水温成層の発達やそれと関連する密度流現象,沿岸域では潮汐・潮流の存在と風による吹送流,水温・塩分成層による密度流やエスチュアリー循環の発生などが一般的に見られる.また,河口域でも塩水くさび等の密度流が形成されている.一方,後者の水域固有の現象としては,対象水域の地形特性や水文・気象特性,ならびにダムや干拓・埋立てなどに代表される人工的な改変の影響など様々な要因で決定される.これらを分離して対象水域の特徴を把握することが環境水理学の目的の一つとも言える.

　水理過程は,水収支を考える上で重要であることに加えて,物質収支を考える際や生態系を考慮する際に最も基本となる情報である.各水域で見られる流

表 2.1 各水域における外力別の水理現象

外力	河川	湖沼	河口域	沿岸海域
重力	対数則，河道地形による複雑な流れ（蛇行・湾曲部など）	影響はあるが，他の外力が主な駆動力となる		
密度差	—	水温成層	塩分成層（弱，緩，強混合）	水温・塩分成層，エスチュアリー循環
風	—	吹送流，湧昇・沈降	—	吹送流，湧昇・沈降
潮汐	—	—	塩水遡上	潮流，海水交換
コリオリ力	—	—	—	吹送流，密度流，潮流と関連

れ場は，流体力学の基本法則により定められるが，自然界では境界条件や外力条件が時空間的に複雑に変化し，それを精緻に予測することが現実的には不可能に近いことから，正確な流れ場を予測・再現することが非常に難しい．種々の物質（窒素，リン，ケイ素，有機物など）や土砂，陸域から流入してくるゴミや草木，人為的な原因で流入する有害物質，生物の浮遊幼生，プランクトンなど様々な物質の輸送を解析することが求められる．これらは，**溶存性物質** (dissolved matter) と **粒子性物質** (particulate matter) に分類され（5.1参照），その他に草木やゴミのような塊状の物質がある．塩分は流れ場の密度を変化させるため，流れと塩分の輸送は連立して解かなければならない．しかし，栄養塩などの物質は密度を変えないため，流れとは独立に解いてよい．また，土砂やプランクトンなどの粒子性物質については，重力の作用により沈降する場合，もしくは浮力を持つ場合には，鉛直方向の流れにその沈降（もしくは浮上）速度を考慮しなければならない．

以下では，流域圏で見られる環境水理学的問題に関連する一般的な水理・水文過程やその流体力学の基礎方程式系について詳説する．

2.2 水循環に関わる物理的な素過程

2.2.1 流体力学的過程

(1) 水の運動について

　河川・湖沼・沿岸域において物質を輸送する水の運動について説明する．水の運動は**流れ**(flow)と**波**(wave)に分けて取り扱われることが多い．しかし，その厳密な区別は容易ではない．なぜなら，これらは同じ現象について見方を変えたものともいえるためである．例えば，月や太陽の引力による海水の移動である潮流は，波長の長い潮汐波としても取り扱われる．ここでは，物質や熱などを輸送する水の運動である流れのみに着目し，波については詳細には取り扱わない．

　自然水域における水の流れを考える際に，一般に水を**非圧縮性流体**(incompressible fluid)と見なす．この時，水の**密度**(density)が時空間的に一定である場合には，基礎式は**連続式**(continuity equation)と**運動方程式**(equation of motion)のみとなる．それらを連立して**境界条件**(boundary condition)や**初期条件**(initial condition)を与え，未知量である**流速**(velocity)と**圧力**(pressure)が得られる．流速は，3次元空間においては時刻 t と空間座標 (x, y, z) のベクトル関数であり，$\vec{V}(x, y, z, t) = (u(x, y, z, t), v(x, y, z, t), w(x, y, z, t))$ と表され，圧力はスカラー関数であるので，$p(x, y, z, t)$ と表される．また，水の密度が変化する場合には，水平・鉛直方向の密度差に起因する**密度流**(density current)などを考慮するため，連続式と運動方程式に加え，密度に関する**状態方程式**(equation of state)を基礎式とする．自然環境中における水の密度は，水温 $T[℃]$ と塩分 S により決定されることが多いため，状態方程式は次式のように表わされる．

$$\rho = \rho(S, T) \tag{2.1}$$

この具体的な式形は3章で紹介される．水中に含まれる土砂の濃度 $c_s[\text{kg/m}^3]$ が高くなると，密度は次式のように表される．

$$\rho = \rho(S, T, c_s) = \rho(S, T) + \frac{c_s}{1000}\left(1 - \frac{\rho(S, T)}{\rho_s}\right) \qquad (2.2)$$

ここで，ρ_s[kg/m³]：土砂の密度である．土砂濃度は，河川では出水時などで，沿岸域では台風などの暴浪時に大きくなり，その値は1～10^2kg/m³程度を示す．土砂の輸送については，4章で詳しく論じられる．

流速と共に重要な要素である**水深**(water depth)は，水面から底面までの距離である．また，水深と類似した物理量である**水位**(water level)は，基準水平面からの水面の高さと定義されるが，我が国では全国統一の基準面として**東京湾平均海面**(Tokyo Peil：T.P.)が用いられる．一方，場所毎に**観測基準面**(datum line：D.L.)が設定されており，測定の基準とされることが多い．特に，沿岸域を対象とする際に海図を用いて海底地形を判断するが，広い内湾では海域により基本水準面である略最低低潮面(平均水面から主要4分潮の半潮差(振幅)を足し合わせた分だけ低い面であり，概ねこれ以上は海面が下がらない面)が異なるため，平均水深を求める際に補正して算定する必要があることに注意を要する．水位変化は，河川や湖沼などで岸の植生域に影響を与え，沿岸域では干潟域の面積を決める．我が国で最も潮汐の干満差が大きい有明海が広い干潟面積(約19,200 ha，日本の総干潟面積の20%)を持つのはそのためである．

流れは水の実質的な輸送を伴うが，ある断面を単位時間当たりに通過する水の輸送量(体積)のことを**流量**(discharge，またはflow rate)と呼ぶ．一般的な流れは流水断面内で**流速分布**(velocity profile)を持つが，注目する対象によっては**鉛直分布**(vertical profile)や**横断分布**(transverse profile)などの一方向の流速分布が重要となる．また，海域や湖沼などのように水平的な空間スケールが水深と比べて非常に大きい場合や河川流で広長方形断面を仮定する場合には，単位幅流量qが用いられる．海域では線流量と呼ぶこともある．流量Qと単位幅流量q，流速uの間には次の関係がある．

$$Q = \iint_A u\, dA = \int_B q\, dy, \quad q = \int_h u\, dz \qquad (2.3)$$

ここで，y, z：横断・鉛直方向，A：流水断面積，B：水面幅，h：水深である．

流量Qは，中小河川では$10^{-1} \sim 10^2 \mathrm{m}^3/\mathrm{s}$，我が国の大河川では$10^1 \sim 10^4 \mathrm{m}^3/\mathrm{s}$，大陸の大河川では$10^3 \sim 10^6 \mathrm{m}^3/\mathrm{s}$のオーダーで変動する．一方で，海域では海流が持つ流量の規模は$10^6 \mathrm{m}^3/\mathrm{s}$以上のオーダーを示す．海洋学では$1\,\mathrm{Sv}=10^6 \mathrm{m}^3/\mathrm{s}$として，単位Sv（スベルトラップ）を用いる．例えば，黒潮は数10 Sv，親潮は約10 Svなどと流量が見積もられている．また，流水断面に直交する方向の流速を断面平均したものを**断面平均流速**（cross-sectional averaged velocity），水深方向に平均した流速を**水深**（または鉛直）**平均流速**（depth-averaged velocity）と呼ぶが，それぞれ$\bar{U}$とUとおくと，次式の関係が成り立つ．

$$\bar{U} = \frac{1}{A}\iint_A u\,dA, \quad U = \frac{1}{h}\int_h u\,dz, \quad Q = \bar{U}A, \quad q = Uh \tag{2.4}$$

ここまでは流れを表す物理量について説明してきたが，次に流れの状態について考える．流れの状態による区分は，流体力学や水理学の教科書に詳しく説明されているので，ここではその分類のみを**表2.2**に示す．一般的に，自然環境中の流れでは定常流や等流はほとんど成り立たないが，近似的にこれらの条件を用いて解析することは多い．その代表例が，底面上での摩擦，すなわち**壁面せん断応力**（wall shear stress）τ_0の評価であり，一般に次式が使われる．

表2.2　水の流れの分類

分類の基準	流れの名称	
時間変化の有無	定常流（定流）　steady flow	非定常流（不定流）　unsteady flow
空間変化の有無	等流　uniform flow	不等流　non-uniform flow
自由水面の有無	管路流　pipe flow	開水路流　open channel flow
水面変化の上流への伝播の有無	射流　super-critical flow	常流　sub-critical flow
乱れの有無	層流　laminar flow	乱流　turbulent flow
成層の有無	順圧流　barotropic flow	傾圧流　baroclinic flow
気相・固相の有無	単相流　single phase flow	混相流　multi-phase flow

マニング（Manning）の式

$$U=\frac{1}{n}R^{2/3}I^{1/2}, \quad \frac{\tau_0}{\rho}=u_*^2=\frac{n^2 g}{R^{1/3}}U^2 \tag{2.5}$$

シェジー（Chezy）の式

$$U=C\sqrt{RI}, \quad \frac{\tau_0}{\rho}=u_*^2=\frac{g}{C^2}U^2 \tag{2.6}$$

ここで，n：マニングの粗度係数[m$^{-1/3}$s]，C：シェジー係数[m$^{1/2}$s^{-1}]，I：水路床勾配，R：径深[m]，u_*：**摩擦速度**（friction velocity）[m/s] である．なお，両式から n と C の間には $C=R^{1/6}/n$ の関係が成り立つ．これらの式は，等流状態と完全に発達した粗面乱流が前提である．壁面乱流の場合，流速分布として対数分布則が成り立つが，完全粗面の式とマニングの式との比較から**相当粗度**（equivalent roughness）k_s[m] とマニングの粗度係数 n は一義的な関係 $n=0.0417k_s^{1/6}$ として良い．そのため，n は壁面の粗さで決定できると考えて良く利用しやすい．一方，シェジー係数 C は相対粗度 k_s/R の関数となり，流れの状態（径深 R）にも依存する．さらに，最近では河川の高水敷や湿地における植生と流れの相互作用についての研究が進んでいる．植生の密度や草木の特性から粗度係数を換算することで，流速分布や乱れの構造をより精緻に求めることができ，土砂動態や栄養塩の循環についても現実的な解析が可能となってきている．

前述の通り，河川や湖沼，沿岸域における水の流れは乱流状態である場合が多いが，滑面乱流の場合には，壁面のごく近傍に粘性底層が見られる．そのため，水—底質界面での物質交換などについては層流も考える必要がある．

(2) 物質の輸送について

水の流れはその中に含まれる塩分や多様な物質（栄養塩などの溶存性物質，土砂などの粒子性物質，プランクトンや浮遊幼生などの生物など）や物理量（熱量・運動量・エネルギーなど）を輸送する．流体中における輸送形態は，**移流**（advection）と**拡散**（diffusion）に分類できる．図2.4のように，移流は物質が

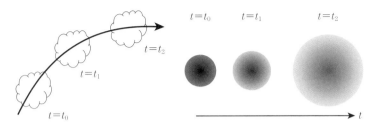

図2.4 移流（左）と拡散（右）（$t_0<t_1<t_2$ とした時間変化）

流れによりある方向にある速度で運ばれる現象であり，拡散は初期位置から物質が広がる現象である．移流された物質は逆方向の流れにより再び元の位置に戻ることのできる可逆現象であるが，拡散は元に位置に集まることがない不可逆現象である．

単位面積・単位時間あたりの輸送量である移流・拡散**フラックス**（flux）は，それぞれ次のように表現される．

移流フラックス

$$\vec{F}_{adv} = \vec{V}c = (uc, vc, wc) \tag{2.7}$$

拡散フラックス

$$\vec{F}_{dif} = -D(\nabla c) = \left(-D\frac{\partial c}{\partial x}, \ -D\frac{\partial c}{\partial y}, \ -D\frac{\partial c}{\partial z}\right) \tag{2.8}$$

ここで，c：対象物質の単位体積当たりの濃度，D：**拡散係数**（diffusion coefficient）である．式（2.8）を**フィックの法則**（Fick's law）と呼ぶ．

環境水理学が取り扱う現象では，拡散とみなされるのは**分子拡散**（molecular diffusion）と**乱流拡散**（turbulent diffusion）に加え，これら拡散とは異なるが物質分布の拡がりを表わす**分散**（longitudinal dispersion）が挙げられる．これらは観察する際の平均操作に依存している．分子拡散は，流体運動を連続体として取り扱う際に分子運動により起こる平均的な拡がり方を表したものである．乱流拡散は，乱流場の流速の乱れ成分（平均値からの偏差）が起こす瞬間的な輸送を時間平均（正確にはアンサンブル平均）操作した際に表れる平均的

な拡がりの表現である．さらに，分散は流速が空間分布を持つ際に現象を一次元（断面平均）や二次元（水深平均や横断平均）で表現するために行う空間平均操作に伴い，流速分布の持つ平均値からの偏差が起こす空間的な輸送量のズレから見かけ上発生する拡がりといえる（図2.5）．したがって，これらは平均操作を加えなければ移流とみなせる輸送である．しかし，環境水理学の対象フィールドは，数m～数百kmまでの空間スケールをもつ河川・湖沼・海域とそれらで構成される流域圏全体であるので，少なくとも分子拡散と乱流拡散は拡散として取扱い，そこで分離された平均流成分による輸送を移流と見なす．

　これらの物質は基本的には水と共に移流・拡散するが，密度変化を介して流れに影響を与えるactiveスカラー（熱，塩分等）については，その影響がないpassiveスカラー（栄養塩や低濃度の浮遊土砂など）と異なる扱いが必要となる．また，自重による沈降作用を有する土粒子や自己遊泳できるプランクトン等は，輸送速度にこれらの効果を加味する必要がある．輸送される物質が水塊内で化学的な反応などにより形態が変わる場合は，非保存性物質として取り扱うことになり，輸送方程式中にそれらの反応に起因する増減を表す項（生成項や減衰項）を組み込む必要がある．

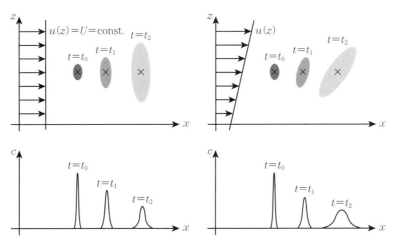

図2.5　乱流拡散（左，平均流が一様）と分散（右，平均流に空間分布がある場合）の概念（$t_0 < t_1 < t_2$とした時間変化）

2.2.2 水文学的過程

(1) 地表面における水の分配と流出

流域圏における水循環の出発点である**降水**(precipitation)が地表面に到達した後の水文過程について説明する(図2.6)．地表に降下する雨の一部は，地表面に達する前に植生の樹冠(キャノピー)に**遮断**(interception)され，その表面から蒸発する．蒸発しなかった水は茎や幹をつたって地表面に到達し(**樹幹流**, stem flow)，樹冠遮断されずに地表面に直接到達した**林内雨**(through rainfall)とともに，表層付近の土壌層に水分を供給する．この土壌層に保持された水分は，土壌層から蒸発するとともに，根から植物に吸収されて蒸散する．表層土壌の水分の一部は，土壌中の空隙を通って地下に**浸透**(infiltration)する．降雨強度が強くなり地表面が持つ浸透能を超えるか，降雨継続時間が長くなり表層土壌の水分が飽和すると，余分な水は**地表流**(overland flow)として流れ出す．地下浸透した水の一部は，比較的浅い層を流れ早く流出する**中間流**(interflow)となり，**飽和側方流**(saturated throughflow)として地表流とともに**直接流出**(direct runoff)する．残りはさらに浸透し，より深い層を流れゆっくりと流出する**地下水流**(ground water flow)となる．地下水流は，やがて地表面や

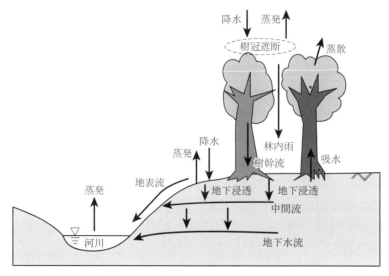

図2.6 地表面における水の分配の概念図

河道内で湧出し，河川における**基底流**(base flow)となる．

　我が国の1971〜2000年までの30年平均降水量は，全国平均が1,750 mm/年，最小値が北海道網走の802 mm/年，最大値が三重県尾鷲の3,922 mm/年である．世界の平均降水量が750〜800 mm/年であるので，概ね2倍以上と降水量の多い地域であることが分かる．我が国における河川などからの年間流出量は，降水量より500 mm/年程度下回るといわれており，降水量の約7割が流出している．世界の平均流出率が4割程度であることから，我が国の地形的特性である急峻な山と短い河川延長から勾配が急であるため流出率が高いことが分かる．

(2) 蒸発散

　降雨により土壌に水分が保持された後，晴天が続くと，土壌水分が蒸発または蒸散によって失われていく．水面・地表面からの水分放出を**蒸発**(evaporation)，植物の葉面気孔からの水分放出を**蒸散**(transpiration)，両者をあわせて**蒸発散**(evapotranspiration)という．蒸発散量は，一般に，流域の土地利用や植生状態，土壌の水分状態，および気象条件に影響される．晴天が続くと土壌は乾燥し，蒸発散量は減少する．逆に降雨が続くと土壌は湿潤状態となり，蒸発散量は可能蒸発散量に漸近する．

　蒸発散量の算出式は様々な研究者によって提案されている．ここでは，代表的な蒸発散量算出式を紹介する．

<u>ハーモン(Hamon)の式</u>

$$E_p = 0.14 D_0^2 p_t \qquad (2.9)$$

ここで，E_p：日平均蒸発散能[mm/日]，D_0：可照時間(12時間/日を1とする)，p_t：平均気温に対する飽和絶対湿度[g/m³]である．

ソーンスウエイト(Thornthwaite)の式

$$E_{pj} = 0.533 D_0^2 (10 t_j / J)^a$$
$$a = 6.75 \times 10^{-7} J^3 - 7.71 \times 10^{-5} J^2 + 0.01792 J + 0.49293 \tag{2.10}$$
$$J = \sum_{j=1}^{12} (t_j/5)^{1.514}$$

ここで, E_{pj}：j月の月平均可能蒸発量[mm/月], t_j：j月の月平均気温[℃]である．

ペンマン(Penman)の式(水面蒸発量用)

$$E_{pa} = \frac{1}{\Delta + \gamma} \left\{ \frac{\Delta (R_n - G)}{l} + \gamma f(u_w)(e_{sa} - e_a) \right\} \tag{2.11}$$

ここで, E_{pa}：日蒸発量[mm/日], Δ：気温に対する飽和蒸気圧曲線の勾配[hPa/℃], R_n：正味放射量[W/m²](3.3.2参照), G：水中(または地中)鉛直下方への熱流量[W/m²], e_{sa}：飽和水蒸気圧[hPa], e_a：水蒸気圧[hPa], γ：乾湿計定数[hPa/℃], l：水の気化潜熱(20℃で2.45 J/m³), $f(u_w)$：地上2 mでの風速u_w[m/s]の関数[mm/(day・hPa)]($f(u_w) = 0.13 + 0.138 u_w$と表される)である．

(3) 地下浸透

　地下浸透は, 水が土壌に浸透することにより発生する．地表面の水吸収能力を示す浸透能は降雨の継続と共に急激に減少し, やがて一定の最終浸透能に達する．その過程はGreen-Ampt, Philip, Horton等によりいくつかの浸透式が提案されている．このうち, 式(2.12)で表されるHortonの浸透式は, その土壌の浸透能を越える降雨が継続する場合の土壌浸透能の時間変化を表している．

$$f(t) = f_\infty + (f_{max} - f_\infty) exp(-\alpha t) \tag{2.12}$$

ここで, t：降雨開始からの経過時間[hr], $f(t)$：時刻tにおける浸透能

表2.3　土地被覆条件別の最終浸透能 f_∞ [2]

(単位:mm/hr)

林地			伐採跡地		草生地		裸地		
針葉樹		広葉樹	軽度攪乱	重度攪乱	自然草生地	人工草生地	崩壊地	歩道	畑地
天然林	人工林	天然林							
211.4 (5)	260.2 (14)	271.6 (15)	212.2 (10)	49.6 (5)	143 (8)	107.3 (6)	102.3 (6)	12.7 (3)	89.3 (3)
平均			平均		平均		平均		
258.2 (34)			158.0 (15)		127.7 (14)		79.2 (12)		

注)　( )内の数値は測定した地区数

[mm/hr], f_{max}：最大浸透能 [mm/hr], f_∞：最終浸透能 [mm/hr], α：逓減係数である.

　実際の地下浸透量は，地表面の被覆状態や土壌・土質条件，降雨や蒸発散等と共に時間変動する土壌水分等により大きく異なる．村井ら[2]によると，土地利用・被覆条件別の最終浸透能の計測結果は，林地で260 mm/hr，伐採跡地で160 mm/hr，草生地で130 mm/hr，裸地で80 mm/hrとされている(表2.3).

(4) 直接流出と基底流出

　地表面に到達した降雨のうち蒸発散・地下浸透されなかった水分は地表流として流れ出すとともに，地下浸透した水も中間流または地下水流として側方流動したのち湧出する．これらは河道に流出して河川流となる．河川流は，図2.7のように直接(表面)流出成分と基底流出成分に分離することができる．この表面流出成分は，通常，地表流及び中間流の中でも早く流出する成分により構成され，基底流出成分は遅い中間流と地下水流により構成される．

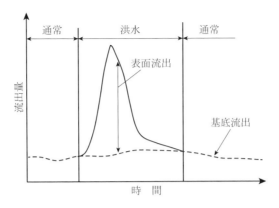

図 2.7　表面流出成分と基底流出成分

column 2.1
我が国の降水量測定

　本書では流域への降水以降の過程について述べているが，ここでは我が国の降水量測定の現状について紹介する．大雨などの際にテレビニュースで降雨・降雪量の実測データを見ることが多いが，これらは気象庁が管轄する約1300箇所のアメダス観測所でのデータが主に使われている．アメダスはAutomated Meteorological Data Acquisition System：AMeDASから来た呼び名であり，地上に設置された無人の地域気象観測システムである．20 km四方程度毎に設置されている．一方，近年はレーダーにより上空の雨滴の分布を測定する方法でリアルタイムの降水状況を把握する技術が発達している．気象庁は全国20箇所にレーダー観測所を設置し，日本全土を概ねカバーしている．国土交通省では，1 kmメッシュでカバーしてきた波長の長い(5 cm程度)Cバンドレーダー網に加えて，XバンドMPレーダーといわれる波長の短い(3 cm程度)高分解能な測定(250 mメッシュ)ができる新しいタイプのレーダーを全国38箇所(平成26年度末時点での予定)に配備している．近年多発しているゲリラ豪雨などの局所的な短時間豪雨を捉えることが可能になっている．これらレーダーによる観測は上空での雨滴分布を測定しているため，地上で観測される降水量とは異

なる.このため,地上のアメダス観測値などで修正した解析雨量デー
タが作成されており,30分毎に1kmメッシュでの時空間的な分布が
得られている.

2.2.3　河川水理学に関する過程

　河川における水の流れは,主な駆動力が重力の分力(流下方向成分)のみで
あり様々な駆動力を有する沿岸・湖沼流と比べて単純と思われるが,河道が作
り出す複雑な地形や分合流,多くの人工構造物(堰等)の存在に起因して多種
多様な流れ場が形成されている.以下では,いくつかの地形条件下での代表的
な流速鉛直・横断分布や流動パターンについて紹介する.

　河川流の多くは乱流であり,等流状態における流下方向の流速鉛直分布は良
く知られた対数則が成立する(図2.8).

$$\frac{u}{u_*} = \frac{1}{\kappa} \log\left(\frac{z}{k_s}\right) + A_r \tag{2.13}$$

ここで,z:河床からの距離,A_r:定数(=8.5),κ:カルマン定数である.河
床形状は平坦であることは少ないため,ここでは粗面乱流の式が示されている.

　自然の河道形状の多くは,直線的にならず湾曲・蛇行する(図2.9,徳島県・
那賀川).湾曲部では,横断面内に循環流(二次流)が生じる.水面近傍の流速

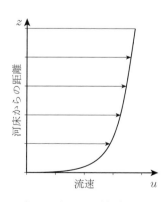

図2.8　粗面乱流場の流速鉛直分布(対数則)

の大きい流れが遠心力で外岸に向かい，外岸では水面から河床に向かって潜るため，横断面内の二次流が発生する．その結果，外岸側の河床が洗掘され内岸側の河床位が高くなり，外岸部には淵が形成され，内岸側には浅場が形成される．

我が国では，河川の横断面形状としては，低水路のみの単断面河道よりも高水敷と低水路を有する複断面河道が多い（図2.10）．日本の河川は，洪水時と平水時の流量の差が大きく，二極化した流量条件に対応するためである．複断面河道では，高水敷における植生繁茂や公園利用などにより，低水路と異なる環境が形成されているため，河床粗度は低水路よりも高水敷の方が大きくなる．この場合の流速横断分布としては，同図に示すように，低水路の方が高水敷よ

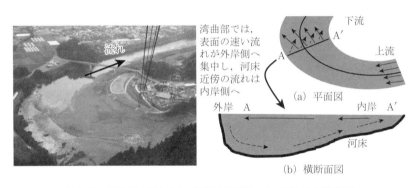

図2.9　湾曲部の流れ（左：徳島県那賀川，右：二次流の模式図）

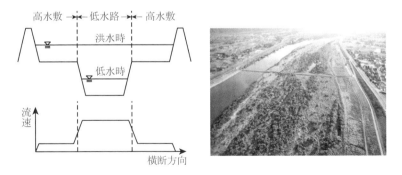

図2.10　複断面河道と流速分布（左）と砂州・高水敷に繁茂する植生（右，吉野川）

りも流速が大きく，その流速差に起因した周期的な大規模渦が形成される条件もある．また，砂州と高水敷における植生が密に繁茂する事例が増えている（同図右）．河道内の植生は，流れに対して抗力として働いて水位を上昇させるとともに，掃流力を低下して土砂を堆積させる．そのため河道内の物理環境の評価を行う上では，無視できない存在である．

河川上流域には，瀬と淵からなるステッププールという河川地形が見られる（図2.11）．平水時では，瀬周辺で流速が速く水深が浅いため射流が形成され，淵周辺では流速が遅く水深が深い常流が作られる．また，瀬の下流側では流れの剥離域が形成され，流れが岩や河床材料に衝突して飛沫が発生する．さらに，川幅が狭く河畔林により河道全体が覆われて湿潤で低温となりやすく，多様な環境が形成される．

複数の河川が合流する時の流況は非常に複雑となる．これは河川の流域が異なり，流量，河床勾配，土砂濃度等の河川特性が異なるためである．図2.12では支川（トンレサップ川）の河床材料の粒径が，本川（メコン河）よりも1オーダー小さいため，両河川の土砂濃度が大きく異なり，土砂濃度境界が形成されている．

2.2.4 地下水理学に関する過程

流域圏という視点で見ると，上流の森林域から海域までの**地下水**（groundwater）の流動は重要である．図2.13に山間部から海域までの地下水

図2.11 河川の瀬と淵

第2章 水の動態

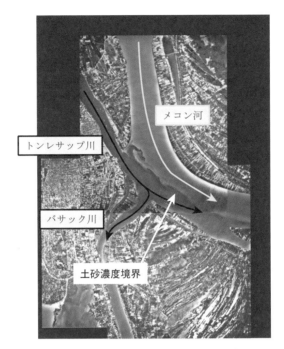

図2.12 河川合流部の様子（カンボジア）

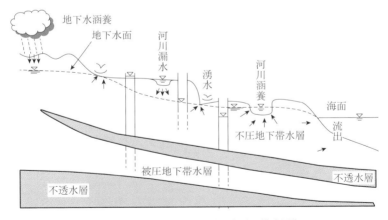

図2.13 流域圏における地下水系の模式図[3]

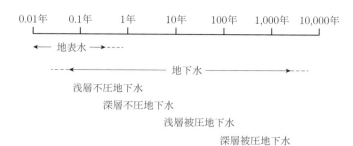

図2.14 水の滞留時間[4]

系の模式図を示す．土壌中には水を浸透しない不透水層が存在し，不透水層と地下水面に挟まれた領域を**不圧地下帯水層**(unconfined groundwater)，不透水層に挟まれた領域を**被圧地下帯水層**(confined groundwater)と呼ぶ．不圧地下帯水層では地表面から涵養を受けながら，地下水は山地から海水面や湖水面に向かって流動する．被圧地下帯水層はかなり深いところに存在し，大気圧より大きな圧力を受けており，ここに井戸を掘るとその圧力のため井戸の水面が地下水面よりも高くなることもある．被圧地下水は一日あたり数センチメートルから数十メートルの速度で移動している．図2.14に流れの速さから計算される水の滞留時間を示す．地下水の滞留時間は河川などの地表水に比べて緩やかで，10～1000年単位の長い時間をかけて行われている[4]．したがって，一旦，被圧地下帯水層が汚染されると，その自然浄化には長い年月を要することがわかる．

　地下水流は，土壌の空隙や岩盤の亀裂などを移動するため，流速は非常に緩やかであるが，水循環や水資源の涵養機能，地下の物理環境の形成に大きく寄与している．地下水流は流速が非常に遅いため，粘性が卓越した流れとなる．また，一般に土壌中の空隙スケールが小さいため，表面張力が強く作用する．地下水流の取り扱いは，空隙・亀裂スケールの現象を捉える微視的な場合とそれらを平均化したスケールの現象を捉える巨視的な場合に分類される．以下では，微視的現象と巨視的現象の関係や巨視的現象のモデル化について簡単に説明する．なお，対象とする問題に応じて地下水流や浸透流など呼び方が異なるが，基礎方程式は同一である．

　巨視的に現象を捉える場合，図2.15に示すように，地下水の流速は空隙部

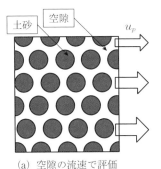
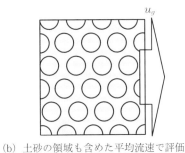

(a) 空隙の流速で評価　　(b) 土砂の領域も含めた平均流速で評価

図2.15　地下水の流速評価法

分や土粒子を含めた領域の平均流速として評価される．つまり，実際には空隙中にしか水が流れていなくても土粒子の領域においても水が流れていると考えており，"見かけの流速u_g"として評価する．そのため，流速の値は空隙を流れている"真の流速u_p"よりも小さく評価される．

$$u_g = u_p \lambda \tag{2.14}$$

ここで，λ：空隙率である．見かけの流速u_gの評価においては，以下のダルシー則がよく用いられる．

$$u_g = -K(\Psi)\frac{\partial \Psi}{\partial x} \tag{2.15}$$

ここで，x：流下方向，Ψ：ピエゾ水頭，K：**透水係数**(hydraulic conductivity)である．

　河川流と同様に，地下水流も一次元，二次元及び三次元の解析が行われている．地下水流では，水面下の空隙が完全に水で満たされた**飽和状態**(saturated condition)と，空隙に空気が残り固気液三相状態にある**不飽和状態**(unsaturated condition)によって透水係数の取り扱いが異なるが，飽和・不飽和状態を包含した三次元浸透流解析の支配方程式は，ダルシー則を用いると以下のようになる．

$$\frac{\partial}{\partial x}\left(K(\Psi)\frac{\partial \Psi}{\partial x}\right) + \frac{\partial}{\partial y}\left(K(\Psi)\frac{\partial \Psi}{\partial y}\right) + \frac{\partial}{\partial z}\left(K(\Psi)\frac{\partial \Psi}{\partial z}\right)$$

$$= (C_w(\Psi) + \alpha_w S_s)\frac{\partial \Psi}{\partial t} \quad (2.16)$$

ここで，C_w：比水分容量，S_s：比貯留係数であり，水の飽和状態に関するパラメータα_wは飽和状態では1，不飽和状態では0である．比水分容量C_wは，土の単位体積に含まれる水の体積の割合で定義される体積含水率θ_wと以下の関係を有する．

$$C_w(\Psi) = \frac{\partial \theta_w}{\partial \Psi} \quad (2.17)$$

また，飽和・不飽和条件下の透水係数Kは，Brooks-Coreyのモデルとして以下に与えられる．

$$K = K_s \left(\frac{\theta - \theta_r}{\theta_s - \theta_r}\right)^{\ell + 2 + \frac{2}{\Lambda}} \quad (2.18)$$

ここで，K_s：飽和透水係数，θ_s：飽和含水率，θ_r：不飽和状態での残留含水率，Λ：間隙径分布に依存するパラメータ，ℓ：間隙結合係数である．

2.2.5　海洋物理学・湖沼学に関する過程

　河川流の多くの場合，流れの駆動力が重力の分力であるが，河口域や沿岸海域，湖沼の流れは風や潮汐，密度差などの様々な駆動力が作用する．以下では，流れの駆動力に分けて流体現象を示す．

(1) 潮汐・潮流とコリオリ力

　河口域から沿岸域を取扱う際に，最も重要で基本的な物理過程が**潮汐**(tide)と**潮流**(tidal current)である．これらは月と太陽の引力により駆動されるが，起潮力を求めるためには海水にかかる月（または太陽）と地球の間で起こる公転運動に必要な求心力を差し引きする必要がある．このため1日に概ね2回の

満ち引きが見られることになる.

実際に沿岸域などで潮汐を取扱う際には,潮汐波を決められた周期を持つ余弦波成分である**分潮**(constituent tide)に**調和分解**(harmonic analysis)し,それらについて過去の観測データから求められた振幅と遅角,すなわち**調和定数**(harmonic constant)を用いて潮汐予報を行う.我が国の潮汐予報では最大で60分潮成分を考慮して行われているが,それらの中で特に重要な主要4分潮を表2.4に示す.

実際の潮位記録の一例を図2.16(有明海・大浦,2012年5月)に示す.これより,潮汐の干満差である**潮差**(tidal range)が半月周期で変動しているのが分かる.潮差が大きくなる時期を**大潮**(spring tide),小さくなる時期を**小潮**(neap tide)と呼ぶが,これらは約25分の周期のズレを持つM_2潮とS_2潮の重ね合わせから発生する.我が国ではその他に中潮(大潮と小潮の間の期間),長潮(小潮後の月の上弦・下弦を1~2日過ぎた時期),若潮(長潮の翌日)という独特の呼び名をもつ時期がある.また,1日に2回発生する干満において潮差が異なっており,これを**日潮不等**(diurnal inequality)と呼ぶ.

潮流は潮汐に伴い発生するが,干潮から満潮までの時間帯は内湾では湾口か

表2.4 主要内湾における主要4分潮の振幅[cm][5)]

分潮	周期(hr)	東京湾 (築地)	伊勢湾 (名古屋)	大阪湾 (大阪)	有明海 (住ノ江)
M_2潮:主太陰半日周潮	12.42	50.1	65.4	30.9	172.1
S_2潮:主太陽半日周潮	12.00	23.9	30.9	17.2	74.8
K_1潮:日月合成日周潮	23.93	24.6	24.2	26.2	26.7
O_1潮:主太陰日周潮	25.82	18.6	18.4	19.8	21.6

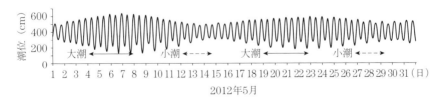

図2.16 有明海(大浦)における潮位記録(2012年5月,気象庁)

ら湾奥に向かう流れが発生し、これを**上げ潮**(flood tide)と呼ぶ。一方、満潮から干潮にかけてはその逆となり**下げ潮**(ebb tide)と呼ぶ。潮流も潮汐と同様に周期性を持つため、調和分解が可能である。例えば、実海域で潮流を15日以上観測して得られたデータを分解するとM_2潮とS_2潮に分離できるが、水平方向流速の2成分(通常は、南北・東西方向成分をとる)が持つ振幅と遅角は通常は異なることから、原点を始点として各分潮の1周期分の流速ベクトルを並べるとその流速ベクトル先端は**図2.17**のように楕円を描く(**潮流楕円**(tidal ellipse))。その長軸方向が各分潮の潮流が卓越する方向、長軸半径が最大流速となる。

さらに、潮流データをある時間で平均して得られる平均流成分を**残差流**(residual current)と呼ぶ。かつては恒流とも呼ばれていたが、残差流は時間的に変化するため現在ではこの呼び名はあまり使われていない。海域では、潮流の他に、密度変化に起因する密度流や、海上に吹く風から与えられる海面せん断力により駆動される**吹送流**(drift current, wind-driven current)も含まれている。そのため、潮流のみが卓越する場合に時間平均した流れを**潮汐残差流**(tidal residual current)と呼ぶ。これら残差流は平均化する時間スケールが12時間、1日(もしくは25時間)、15日、1ヶ月、などと種々考えられるため明確に定義されていない。ただし、ある程度定常的に存在する流れと見なすことができることから、これらの残差流は長期的な物質輸送に重要な影響を与える。

潮汐や潮流を考える上では、空間的なスケールが大きくなると地球の自転により生じる見かけ上の力である**コリオリ力**(Coriolis force)を考慮する必要が

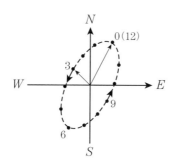

図2.17　潮流楕円(数値は位相[hr]、ベクトルは流速、楕円上の矢印は回転方向)

ある．地球の自転角速度をω ($=7.292\times10^{-5}\text{s}^{-1}$)とし，対象地点の緯度が$\phi$（北半球を正，南半球を負）であるとき，コリオリパラメータf ($=2\omega\sin\phi$)を用いると，単位質量当たりのコリオリ力の水平方向成分(F_{cx}, F_{cy})は

$$F_{cx}=fv, \quad F_{cy}=-fu \tag{2.19}$$

と表される．日本のような中緯度地帯でのfの代表値は，$8.365\times10^{-5}\text{s}^{-1}$ ($\phi=35°$)となる．なお，fは厳密には緯度により変化するが，我が国の内湾程度のスケールでは一定として取り扱ってよく，これを**f-平面近似**(f-plane approximation)と呼ぶ．基準とする空間スケールとして**ロスビー変形半径**(Rossby radius of deformation)λ_Eは

$$\lambda_E=(gh)^{1/2}/f \tag{2.20}$$

と定義される．内湾でも空間スケールがこのλ_Eと同程度になると，コリオリ力の影響を受けて潮汐が進行する際に**ケルビン波**(Kelvin wave)となり，北半球では岸を右手に見る方向に進行し，進行方向に対して右岸の潮差が大きくなる．我が国の主要内湾の平均水深は20 m程度であり，$\lambda_E=167$ km程度となるため，密度成層が無い場合の（順圧的な）潮汐はケルビン波にはなりにくい．しかし，密度成層がある（傾圧的な）場合の**内部ロスビー変形半径**(internal Rossby radius of deformation)λ_Iは，上層と下層の密度差を$\Delta\rho$，それぞれの層厚をh_uとh_lとすると次式で表される．

$$\lambda_I=(g^*h^*)^{1/2}/f=\{g(\Delta\rho/\rho)\cdot(h_uh_l/h)\}^{1/2}/f \tag{2.21}$$

一般に$\lambda_I=10$ km程度となり，成層している場合には地球自転の影響を受ける．さらに，コリオリ力は復元力の機能を持つため，図2.18に示すような**慣性振動**(inertial oscillation)と呼ばれる円運動を引き起こす．コリオリ力は北半球では流れ方向に対して右向きに作用することから，圧力傾度力と釣り合うことで等圧力線に沿った流れである**地衡流**(geostrophic flow)が形成される．

(2) 成層と密度流

河口域や内湾では海水（塩水）と河川水（淡水）が共存するが，河川水は海水

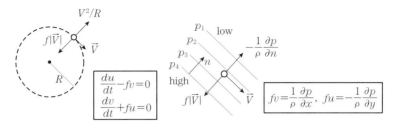

図2.18 慣性振動（左）と地衡流（右）

に比べて密度が小さいため二層化して海水の上を流れやすい．その際に，表層の淡水と底層の海水を混合する効果が強い場合は，徐々に混ざり合い密度は連続的に変化する分布をとる．このように密度の異なる水が鉛直方向に分布を持つ状態を**連続成層**（continuous stratification）と呼ぶ．成層という言葉は層を成すということを意味しており，一般的には密度のみではなく，塩分，水温，土砂濃度や溶存酸素濃度などの諸量が分布を持つ場合にも使えるが，環境水理学の分野では密度分布を指すことが多い．これらを区別する場合には，塩分成層，水温成層などとして使われる．また，連続的に分布しているが局所的に変化が急激である場合には，変化の大きい部分を不連続成層という．これらの成層状態については，風・日射などの気象条件，河川流量，潮汐の大潮・小潮サイクルなどにより変化するため，河口域や沿岸域の物理過程を非常に複雑なものにする原因となっている．

また，湖沼についても，水温変化に起因した密度成層が形成され，そこでの密度流現象は沿岸海域のものと共通点が見られる．

密度成層状態では，浮力効果により鉛直方向の乱れw'による混合が抑制される．図2.19のような安定成層（$d\rho/dz<0$）の場合に，密度ρの水塊が乱れにより位置をΔzだけ上に移動したときに，周囲水の密度が$\rho - \Delta\rho$であることから水塊を元の位置へ戻す下向きに単位体積当たりの浮力$-g\Delta\rho = g(d\rho/dz)\Delta z$が働くことになる．下に移動した場合も同様である．つまり，密度一様の場合と異なり安定成層場では乱れにより上下に移動した水塊が浮力により元に戻る効果が働く．

これは水塊が上下に混合するのを抑える作用（ダンピング）として働くこと

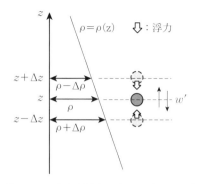

図 2.19 密度成層時の乱れのダンピング

を意味する．このことは密度のみならず，その他の物質の輸送にも影響するため，この効果を正確に取り入れた流れや物質輸送の解析が実際の水域では非常に重要となる．

この浮力に逆らい水塊を上げるために必要な平均的な仕事率は，鉛直方向の**乱流拡散係数**(eddy diffusivity)を ε_{tV} とすれば，$-g\varepsilon_{tV}(d\rho/dz)$ と表される．これと鉛直勾配をもつ平均流 u が単位時間に乱れへ与えるエネルギー $\rho\nu_{tV}(du/dz)^2$ の比

$$R_f = -\frac{\varepsilon_{tV}}{\nu_{tV}} \frac{g\dfrac{d\rho}{dz}}{\rho\left(\dfrac{du}{dz}\right)^2} = \frac{\varepsilon_{tV}}{\nu_{tV}} R_i \tag{2.22}$$

を**フラックス・リチャードソン数**(flux Richardson number)と呼び，成層したせん断乱流場の安定性を表す指標として用いる．また，式中の R_i を**局所リチャードソン数**(local Richardson number)と呼ぶ．一般的には，$R_f > 1$，$R_i > 1/4$ の時に流れは安定と考える．前述したとおり成層場では乱れが減衰するため，乱れによる運動量や物質の拡散能を表す渦動粘性係数や乱流拡散係数も小さくなるが，その効果については次の局所リチャードソン数 R_i の関数としてモデル化されている．

$$\nu_{tV} = \nu_{tV0}(1+\alpha R_i)^{-a}, \quad \varepsilon_{tV} = \varepsilon_{tV0}(1+\beta R_i)^{-b} \tag{2.23}$$

ここで，ν_{tV0}，ε_{tV0}：成層がない場合のν_{tV}，ε_{tV}の値である．定数α，β，a，bについては種々の値が提案されている（例えば，$\alpha=10$，$\beta=3.33$，$a=1/2$，$b=3/2$など[6]）．なお，最近は流れの数値モデルにおいて乱流モデルを用いることが一般的になっているが，浮力によるダンピング効果を取り入れた種々の乱流モデル（例えば，k-εモデルやMellor&Yamadaモデルなど）が提案されている．

(3) 吹送流と湧昇現象

吹送流は，前述したとおり，風が水面に作用するせん断応力により発生するものである．吹送流による流速分布は，図2.20に示すように，水面付近で大きくなり，水深が深くなると小さくなる．また，コリオリ力が影響する場合には，北半球では風向に対して右向きに流れが変化し，スパイラル状の流速鉛直分布となる．

この風により水面に作用するせん断応力τ_0は，一般に次式で与えられる．

$$\tau_0 = \rho_a C_f U_{10}^2 \tag{2.24}$$

ここで，ρ_a：空気の密度，C_f：風の水面摩擦係数，U_{10}：水面上10mの高さの風速である．C_fは風速や成層の有無，波，流動場，吹送距離（フェッチ）等により変化するが，実験結果等に基づいて，主に風速U_{10}[m/s]を用いた経験式が提案されている．

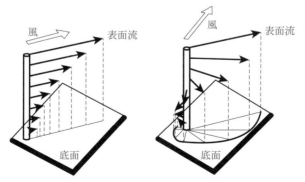

図2.20 吹送流の流速鉛直分布
（左：コリオリ力が影響しない場合，右：コリオリ力が影響する場合）

Deacon と Webb の式

$$C_f = (1.0 + 0.07 U_{10}) \times 10^{-3} \tag{2.25}$$

Charnock の式

$$\frac{1}{\sqrt{C_f}} = \frac{1}{\kappa} \ln\left(\frac{gz}{bC_f U_{10}^2}\right) \tag{2.26}$$

本多・光易の式

$$\left.\begin{array}{l} C_f = (1.29 + 0.024 U_{10}) \times 10^{-3} \quad (U_{10} < 8\,\mathrm{m/s}) \\ C_f = (0.581 + 0.063 U_{10}) \times 10^{-3} \quad (8\,\mathrm{m/s} < U_{10} < 35\,\mathrm{m/s}) \end{array}\right\} \tag{2.27}$$

なお，Charnockの式のbは定数（＝0.011）である．

　吹送流などの水平方向の流れは，湖底・海底の凹凸形状や湖岸・海岸地形に影響されると，鉛直方向の流れが発生する．このとき，鉛直上向きの流れを湧昇流，鉛直下向きの流れを沈降流と呼ぶ（図2.21）．この湧昇流は，海底近傍の貧酸素水塊を表層に浮上させる「青潮」（口絵6.1）を引き起こすことで知られている．

(4) 海水交換

　水域に流入した水または物質が外部へ流出するまでに必要とする時間スケールは，対象水域の水質や物質循環を考える上で重要である．それを定量的に示すものとして**平均滞留時間**（average residence time）が定義されている．

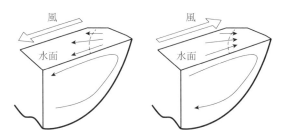

図2.21　湖沼の湧昇・沈降現象（左：湧昇流，右：沈降流）

初期時刻に対象水域内に存在する水または物質の量M_0が，時刻tに$M(t)$へと減少する場合に，$r(t)=M(t)/M_0$を残余関数という．この場合，平均滞留時間τ_rは残余関数$r(t)$を時間積分した次式で定義される．

$$\tau_r = \int_0^\infty r(t)dt \tag{2.28}$$

残余関数$r(t)$は，図2.22(a)に示すように$r(0)=1$，$r(\infty)=0$の性質をもち，τ_rは積分時間スケールに相当する．

次に，水域へ単位時間当たりR_0の物質が流入し，水域外への流出量もR_0であり水域全体が平衡状態にある場合を考える．この場合，水域内の物質量は一定であり，それをM_0とおく．このとき，対象とする物質粒子の時刻tにおける**年齢**(age)を，$\tau=t-t_{in}$と定義する（図2.22(b)）．ここで，t_{in}は物質粒子が水域に入った時刻である．このとき，水域内の物質の平均年齢τ_tが，$\tau_t=M_0/R_0$と表される．これは言い換えると水域を通過するのに必要な平均時間であるので，流入した物質の平均滞留時間に等しい．

内湾に流入した河川水で考えると，湾内の淡水量をV_f，河川流量をR_0とすれば，

$$\tau_t = V_f/R_0 \tag{2.29}$$

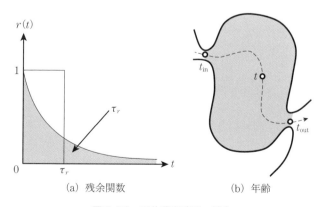

(a) 残余関数　　(b) 年齢

図2.22　平均滞留時間の概念

と表される.V_fは,内湾の容積をV,湾内の平均塩分をS_b,外海の塩分をS_oとおけば,

$$V_f = V(S_o - S_b)/S_o \tag{2.30}$$

となるので,塩分と河川流量の実測データを基に平均滞留時間を推定することが可能である.なお,水域内で物質が完全混合する場合は,$\tau_r = \tau_f$となる.

湾口が狭く半閉鎖的な形状をもつ沿岸域を(半)**閉鎖性内湾**((semi-)enclosed bay)と呼ぶが,外洋に開けた開放性の沿岸域と比べて,湾内水が滞留しやすい傾向がある.この場合,湾口を通じた湾内水と外海水の交換の程度を表す**海水交換**(seawater exchange)の概念が必要となる.海水交換の程度を表す指標はいくつか提案されているが,代表的な考え方をここでは紹介する.

上げ潮による外海水の進入と下げ潮による内湾水の流出という往復流によって内湾水と外海水が入れ替わることで海水交換が発生すると見なす.上げ潮時に進入してきた外海水の量V_{out}の中で,湾内にトラップされ,次の下げ潮において外海へと流出しない海水量V_{ex}があるとき,$\alpha_{ex} = V_{ex}/V_{out}$とおいたものが1潮汐間の海水交換率として考えられる.また,V_{out}の中で初めて湾内に流入した外海水の量をV_sとして,$\alpha_p = V_s/V_{out}$とおく場合もある.実際の内湾でこれらを推定するには,内湾水と外海水を区別する必要がある.そのため,現地調査では保存量である塩分を使った算定が,数値解析や室内模型実験ではトレーサー粒子を用いた算定が行われている.これらはいずれも1潮汐間の潮流により発生した海水交換を表すものであり,内湾水全体の交換の度合いを示すものではない.それを表すものとしては,前述の平均滞留時間の考え方などがある.一方,海水交換の機構を理解する上では,湾口部での物質フラックス(通常は塩分を対象)に関する研究が行われている[7].

この内湾の海水交換を考える上で重要であるのが,外海を流れる海流の影響である.特に,我が国では九州南岸から千葉沖にかけて列島沿岸に沿うように**黒潮**(Kuroshio)が流れるが,**図2.23**に示すように数年から十年程度の間隔で蛇行と非蛇行を繰り返し,流軸を変化させていることが観測されている.このため,多くの内湾域では,黒潮が接岸している場合は暖水塊(低栄養)の表層流入が,離岸している場合は冷水塊(高栄養)の底層貫入が起こり,塩分・水

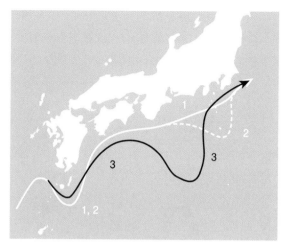

図 2.23 本州南岸の黒潮の流路
1. 非大蛇行接岸流路, 2. 非大蛇行離岸流路, 3. 大蛇行流路

温・栄養塩などの分布が変化することが知られており,内湾の物質収支を考える上で重要な要素となることが指摘されている.

 column 2.2

海洋の大循環

　海洋では2種類の大きな流れが存在している.一つは風により駆動される表層循環である.表層循環は海洋の全容積の10%程度の海水を動かしていて,海洋全体に対する影響は小さいが,黒潮やガルフストリームなどの海流としてなじみのある流れが多い.もう一つは,深さ1000 m以深の層で発生する流れである深層循環である.この流れは,海水の塩分と水温で決まる密度により駆動されるため,熱塩循環とも呼ばれる.主に,北大西洋のグリーンランド沖と南極の大陸棚で冷却された海水がゆっくりと沈み込み,海洋の底層を移動して,再度浮上するという大きな循環を形成している.それは,約1000年で一周するといわれており,ベルトコンベアのように表層の酸素を底層へ,底層の栄養塩を表層へと運ぶ役目がある.IPCCの第5次評価報告書

(2013) では，この循環が温暖化により変化している証拠はないとされているが，これから100年以上先において温暖化が進んでいった場合には循環が停止するなどの変化が現れるかもしれないと言われている．

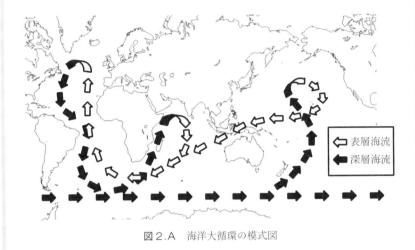

図2.A　海洋大循環の模式図

2.3　水・物質輸送の基礎方程式系

2.3.1　水の運動と物質の輸送を解析するには？

水の運動とそれに伴う物質の輸送に関する基礎方程式系について概説する．水の流れは連続式と運動方程式（ナビエ・ストークスの方程式）に対して場に応じた境界条件と初期条件を適用すれば解が得られるが，環境水理学で対象とする場は乱流場であることが多いことから，乱流の影響を考慮する必要がある．その場合，一般的には運動方程式に対してアンサンブル平均が施された**RANS方程式**（Reynolds-Averaged Navier-Stokes equations）を基礎式とする．上式中に含まれるレイノルズ応力について，粘性応力と同じく，渦動粘性係数を用いて平均流のシア（せん断変形速度）に比例する勾配型で表現するモデルが多い．したがって，乱流の影響を組み込むことは渦動粘性係数をモデル化す

ることに帰着される．以前は，渦動粘性係数を経験的に与えていたが，最近は，コンピュータの演算高速化や記憶容量増大などにより，大規模な水域を対象とする数値解析が容易に行えるようになってきた．そのため，乱流の影響についても，より精緻な乱流モデルを組み込んだ数値解析が一般的になっている．

自然水域を対象とした場合に，最もよく使われている乱流モデルにk-ε乱流モデルがある．このモデルは，渦動粘性係数の評価に乱れエネルギーkと乱れエネルギー逸散率εにより表現された式を用いる．kとεについてはそれぞれの輸送方程式を流れの基礎方程式と連立させて計算し，最終的に渦動粘性係数の時空間的な分布を求める．

また，計算格子より小さいスケール(サブグリッドスケール，Sub-Grid Scale (SGS))の渦をモデル化し，格子より大きいスケール(グリッドスケール，Grid Scale (GS))を計算から求める**ラージ・エディ・シミュレーション**(Large Eddy Simulation, LES)もよく用いられる．環境水理学で対象とするような大きな水域に対しては，LESの中で最も基本的な**スマゴリンスキーモデル**(Smagorinsky model)と呼ばれる，計算格子サイズから渦動粘性係数を与える方法が用いられることが多い．特に，沿岸域や湖沼などでは水平スケールが鉛直スケールを大きく上回るので，水平方向の渦動粘性係数をLESのスマゴリンスキーモデルで，鉛直方向の渦動粘性係数をk-εモデルなどで計算することが多い．

湖沼では水温成層により，河口域や沿岸域では水温・塩分成層により密度分布が発生するが，密度変化は流れを駆動し(3.2.5を参照)，さらに乱れの状態を変えるため，流れを解析する上でその影響を評価することは重要である．したがって，密度を変化させる物理量(塩分，熱，高濃度の土砂)は流れと相互に影響を与え合うため，それらの物理量は流れと連立して解かれなければならない．

以上をまとめると，環境水理学的な問題においては，図2.24のように，密度変化の有無で分けた枠組みで基礎方程式系を構成する必要がある．また，各水域でどのような力や効果を考慮すべきかは表2.1に示した通りである．

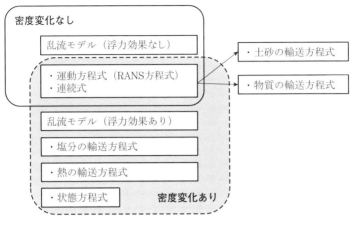

図 2.24　基礎方程式系の構成

2.3.2　基礎方程式の定式化

　河川や湖沼，河口域，沿岸域など対象とする場に応じて，もしくは考える現象に応じて，流れや物質輸送を考える空間的な次元の数を決めることになる．ここでは，前節で示された基礎方程式系のうち，連続式と運動方程式，物質輸送方程式に関して，最も基本的かつ代表的な一次元，平面二次元，三次元に分けて記述する．各水域において一般的に用いられる基礎方程式系の次元を取りまとめたものを表 2.5 に示す．なお，対象とする水域をいくつかの小領域に分割し，各小領域内での諸量は一様として小領域間のやりとりを考えるボックスモデルといわれるモデルを用いた解析もよく行われるが，ここでは詳述しない．

(1) 一次元場の基礎方程式

　河川などの一方向流れでは，流速などの物理量や物質量を横断面全体に平均した値（断面平均値）を用いて，流下 (x) 方向のみを考慮した一次元場として取扱うことが多い．この場合，図 2.25 のような座標系とすると，流れの連続式と運動方程式は次式となる．

表2.5 各水域において用いられる基礎方程式系の次元
（○：標準，△：頻度は少ないが用いられる場合あり）

	一次元	平面二次元	鉛直一次元	鉛直二次元	三次元
河川	○	○			△
湖沼		△	○	○	○
河口域		△		○	△
沿岸海域		△	△		○

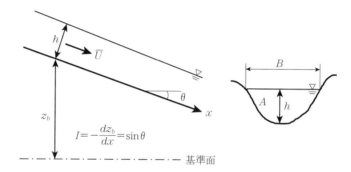

図2.25 一次元場における座標系と変数の定義

$$\frac{\partial A}{\partial t} + \frac{\partial A\bar{U}}{\partial x} = q_{in} \tag{2.31}$$

$$\frac{1}{g}\frac{\partial \bar{U}}{\partial t} + \frac{\partial}{\partial x}\left(\alpha \frac{\bar{U}^2}{2g}\right) = -\frac{\partial h}{\partial x} + I - I_f \tag{2.32}$$

ここで，$\bar{U}(x,t)$：断面平均流速，$A(x,t)$：断面積，$q_{in}(x,t)$：単位長さあたりの水の流入量，α：エネルギー補正係数，$h(x,t)$：水深，$I(x,t)$：底面勾配，$I_f(x,t)$：エネルギー勾配である．底面勾配$I(x,t)$は，底面における土砂の堆積・侵食などの地形変化が起こらない場合には，空間座標のみの関数となる．また，エネルギー勾配$I_f(x,t)$は，マニングの式(2.5)とシェジーの式(2.6)を使えば，

$$I_f(x,t) = n^2 U^2/R^{4/3} = U^2/C^2 R \tag{2.33}$$

とおける．一般に，式(2.32)を**サン・ウナン方程式**(Saint-Venant equation)と呼ぶ．

熱や塩分および栄養塩類などの物質などに関する一次元輸送方程式は一般的に次式で表される．

非保存形：

$$\frac{\partial \bar{C}}{\partial t} + \bar{U}\frac{\partial \bar{C}}{\partial x} = \frac{1}{A}\frac{\partial}{\partial x}\left(AD_a\frac{\partial \bar{C}}{\partial x}\right) + \frac{\overline{S_{in}}}{A} + \overline{R_c} \tag{2.34a}$$

保存形：

$$\frac{\partial A\bar{C}}{\partial t} + \frac{\partial A\bar{U}\bar{C}}{\partial t} = \frac{\partial}{\partial x}\left(AD_a\frac{\partial \bar{C}}{\partial x}\right) + \overline{S_{in}} + A\overline{R_c} \tag{2.34b}$$

ここで，$\bar{C}(x,t) = \frac{1}{A}\int_A c(x,y,z,t)dA$：物質濃度の断面平均値，$D_a(x,t)$：見かけの拡散係数，$\overline{S_{in}}(x,t)$：単位長さ当たりの物質流入量，$\overline{R_c}(x,t)$：物質の生成・減衰などを表す項である．$D_a$には，乱流拡散フラックス$-\varepsilon_t\frac{\partial c}{\partial x}$と移流フラックス$uc$をそれぞれ断面平均する際に，各変数が断面内で分布を持つことから発生する分散効果が含まれているため，ここでは"見かけの拡散係数"と称している．また，$\overline{S_{in}}(x,t)$としては，水面からの流入量$\overline{S_{ins}}$と底面（もしくは側面）からの流入量$\overline{S_{inb}}$が想定され，対象物質により異なる．同じく，生成・減衰項$\overline{R_c}(x,t)$についても対象物質により異なり，これらの詳細は3章から5章に示されている．

(2) 平面二次元場の基礎方程式

二次元場としては，流速や物質量に対して幅（横断）方向の平均値を用いる鉛直二次元場と，鉛直方向に平均化して水深平均値を用いる平面二次元場の二種類が考えられる．鉛直二次元場は，河口域や湖沼などの流れに適用されるが，後述の三次元場の取扱いに準じる．一方，平面二次元場としては，出水時の河川流や，水平スケールに対して鉛直スケールが小さい沿岸域や湖沼の流れなど

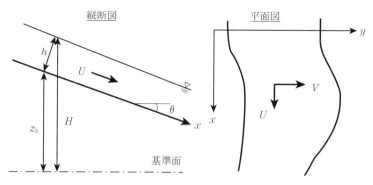

図2.26 平面二次元場における座標系（河川を例に）と変数の定義

に多く適用されている．以下では，図2.26に示す座標系に基づく平面二次元場を対象とする．その時の流れの連続式と運動方程式は次式となる．

$$\frac{\partial h}{\partial t} + \frac{\partial (hU)}{\partial x} + \frac{\partial (hV)}{\partial y} = 0 \tag{2.35}$$

$$\frac{\partial (hU)}{\partial t} + \frac{\partial (hU^2)}{\partial x} + \frac{\partial (hUV)}{\partial y}$$
$$= -gh\frac{\partial H}{\partial x} + \frac{\partial}{\partial x}\left\{N_a\frac{\partial (hU)}{\partial x}\right\} + \frac{\partial}{\partial y}\left\{N_a\frac{\partial (hU)}{\partial y}\right\} - ghI_{fx} \tag{2.36}$$

$$\frac{\partial (hV)}{\partial t} + \frac{\partial (hUV)}{\partial x} + \frac{\partial (hV^2)}{\partial y}$$
$$= -gh\frac{\partial H}{\partial y} + \frac{\partial}{\partial x}\left\{N_a\frac{\partial (hV)}{\partial x}\right\} + \frac{\partial}{\partial y}\left\{N_a\frac{\partial (hV)}{\partial y}\right\} - ghI_{fy} \tag{2.37}$$

ここで，$U(x,y,t)$，$V(x,y,t)$：x,y方向の水深平均流速，$h(x,y,t)$：水深，$N_a(x,y,t)$：渦動粘性係数，$H(x,y,t)$：水位（$=h(x,y,t)+z_b(x,y,t)$），$z_b(x,y,t)$：底面高），$I_{fx}(x,y,t)$，$I_{fy}(x,y,t)$：x,y方向の底面摩擦勾配である．これらの方程式を一般に**浅水流方程式**(shallow water flow equations)と呼ぶ．底面摩擦勾配はマニングの式(2.5)より，以下のようになる．

$$I_{fx}(x,y,t) = \frac{n^2 U\sqrt{U^2+V^2}}{h^{\frac{4}{3}}}, \quad I_{fy}(x,y,t) = \frac{n^2 V\sqrt{U^2+V^2}}{h^{\frac{4}{3}}} \tag{2.38}$$

なお，上式中では，河川流を想定して記述しているが，沿岸域や湖沼に適用する際にはコリオリ力や風応力を運動方程式中に加える必要がある．

平面二次元場の物質輸送方程式は次式となる．

非保存形：

$$\frac{\partial C}{\partial t} + U\frac{\partial C}{\partial x} + V\frac{\partial C}{\partial y}$$
$$= \frac{1}{h}\left\{\frac{\partial}{\partial x}\left(hD_a\frac{\partial C}{\partial x}\right) + \frac{\partial}{\partial y}\left(hD_a\frac{\partial C}{\partial y}\right)\right\} + \frac{S_{in}}{h} + R_c \tag{2.39a}$$

保存形：

$$\frac{\partial(hC)}{\partial t} + \frac{\partial(hUC)}{\partial x} + \frac{\partial(hVC)}{\partial y}$$
$$= \frac{\partial}{\partial x}\left(hD_a\frac{\partial C}{\partial x}\right) + \frac{\partial}{\partial y}\left(hD_a\frac{\partial C}{\partial y}\right) + S_{in} + hR_c \tag{2.39b}$$

ここで，$C(x,y,t)$：物質濃度などの水深平均値，$D_a(x,y,t)$：乱流拡散係数の水深平均値，$S_{in}(x,y,t)$：単位面積当たりの流入量，$R_c(x,y,t)$：生成・減衰項である．一次元場と同様に，水面・底面からの流入項や生成・減衰項は対象物質により変化する．なお，渦動粘性係数や乱流拡散係数を評価する必要があるが，水深平均された乱流モデルが提案されている．

(3) 三次元場の基礎方程式

三次元場では，一次元場や平面二次元場と異なり，鉛直方向の運動や輸送を考慮する．そのため，密度成層場を取扱うことが可能となる．図2.27のような座標系では，流れの連続式と運動方程式は次式となる．

2.3 水・物質輸送の基礎方程式系

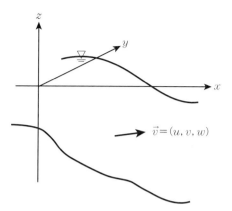

図 2.27 三次元場における座標系

$$\frac{\partial \rho}{\partial t}+\frac{\partial (\rho u)}{\partial x}+\frac{\partial (\rho v)}{\partial y}+\frac{\partial (\rho w)}{\partial z}=0 \qquad (2.40)$$

$$\frac{\partial u}{\partial t}+u\frac{\partial u}{\partial x}+v\frac{\partial u}{\partial y}+w\frac{\partial u}{\partial z}-fv$$
$$=-\frac{1}{\rho}\frac{\partial p}{\partial x}+\frac{\partial}{\partial x}\left(\nu_{tH}\frac{\partial u}{\partial x}\right)+\frac{\partial}{\partial y}\left(\nu_{tH}\frac{\partial u}{\partial y}\right)+\frac{\partial}{\partial z}\left(\nu_{tV}\frac{\partial u}{\partial z}\right) \qquad (2.41a)$$

$$\frac{\partial v}{\partial t}+u\frac{\partial v}{\partial x}+v\frac{\partial v}{\partial y}+w\frac{\partial v}{\partial z}+fu$$
$$=-\frac{1}{\rho}\frac{\partial p}{\partial y}+\frac{\partial}{\partial x}\left(\nu_{tH}\frac{\partial v}{\partial x}\right)+\frac{\partial}{\partial y}\left(\nu_{tH}\frac{\partial v}{\partial y}\right)+\frac{\partial}{\partial z}\left(\nu_{tV}\frac{\partial v}{\partial z}\right) \qquad (2.41b)$$

$$\frac{\partial w}{\partial t}+u\frac{\partial w}{\partial x}+v\frac{\partial w}{\partial y}+w\frac{\partial w}{\partial z}$$
$$=-g-\frac{1}{\rho}\frac{\partial p}{\partial z}+\frac{\partial}{\partial x}\left(\nu_{tH}\frac{\partial w}{\partial x}\right)+\frac{\partial}{\partial y}\left(\nu_{tH}\frac{\partial w}{\partial y}\right)+\frac{\partial}{\partial z}\left(\nu_{tV}\frac{\partial w}{\partial z}\right) \qquad (2.41c)$$

ここで, $u(x,y,z,t)$, $v(x,y,z,t)$, $w(x,y,z,t)$：x, y, z方向の流速, $\rho(x, y,$

z, t):水の密度,$p(x,y,z,t)$:圧力,$\nu_{tH}(x,y,z,t)$:水平方向の渦動粘性係数,$\nu_{tV}(x,y,z,t)$:鉛直方向の渦動粘性係数である.ここでは,沿岸域を想定しコリオリ力を考慮している.

通常,沿岸域や湖沼などでは水平スケールに対して水深等の鉛直スケールが非常に小さい.この場合,運動方程式における各項のオーダー比較より,**静水圧近似**(hydrostatic approximation)が成り立つ.また,密度ρは場の基準密度ρ_0を用いて,$\rho(x,y,z,t)=\rho_0+\rho'(x,y,z,t)$と書け($\rho'$:密度偏差),密度変化は重力項にのみ影響すると近似することが可能になる.これを**ブシネスク近似**(Boussinesq approximation)と呼ぶ.これらの近似を適用した場合の基礎方程式は次のようになる.

$$\frac{\partial u}{\partial x}+\frac{\partial v}{\partial y}+\frac{\partial w}{\partial z}=0 \tag{2.42}$$

$$\frac{\partial u}{\partial t}+u\frac{\partial u}{\partial x}+v\frac{\partial u}{\partial y}+w\frac{\partial u}{\partial z}-fv$$
$$=-\frac{1}{\rho_0}\frac{\partial p}{\partial x}+\frac{\partial}{\partial x}\left(\nu_{tH}\frac{\partial u}{\partial x}\right)+\frac{\partial}{\partial y}\left(\nu_{tH}\frac{\partial u}{\partial y}\right)+\frac{\partial}{\partial z}\left(\nu_{tV}\frac{\partial u}{\partial z}\right) \tag{2.43a}$$

$$\frac{\partial v}{\partial t}+u\frac{\partial v}{\partial x}+v\frac{\partial v}{\partial y}+w\frac{\partial v}{\partial z}+fu$$
$$=-\frac{1}{\rho_0}\frac{\partial p}{\partial y}+\frac{\partial}{\partial x}\left(\nu_{tH}\frac{\partial v}{\partial x}\right)+\frac{\partial}{\partial y}\left(\nu_{tH}\frac{\partial v}{\partial y}\right)+\frac{\partial}{\partial z}\left(\nu_{tV}\frac{\partial v}{\partial z}\right) \tag{2.43b}$$

$$0=-g-\frac{1}{\rho}\frac{\partial p}{\partial z} \tag{2.43c}$$

また,密度ρを算定する上では,密度に影響を及ぼす熱と塩分の輸送方程式を連立させてそれぞれ解析することになる.

三次元場の物質輸送方程式は次式となる.

非保存形：

$$\frac{\partial c}{\partial t} + u\frac{\partial c}{\partial x} + v\frac{\partial c}{\partial y} + w\frac{\partial c}{\partial z}$$
$$= \frac{\partial}{\partial x}\left(\varepsilon_{tH}\frac{\partial c}{\partial x}\right) + \frac{\partial}{\partial y}\left(\varepsilon_{tH}\frac{\partial c}{\partial y}\right) + \frac{\partial}{\partial z}\left(\varepsilon_{tV}\frac{\partial c}{\partial z}\right) + r_c \quad (2.44a)$$

保存形：

$$\frac{\partial c}{\partial t} + \frac{\partial (uc)}{\partial x} + \frac{\partial (vc)}{\partial y} + \frac{\partial (wc)}{\partial z}$$
$$= \frac{\partial}{\partial x}\left(\varepsilon_{tH}\frac{\partial c}{\partial x}\right) + \frac{\partial}{\partial y}\left(\varepsilon_{tH}\frac{\partial c}{\partial y}\right) + \frac{\partial}{\partial z}\left(\varepsilon_{tV}\frac{\partial c}{\partial z}\right) + r_c \quad (2.44b)$$

ここで，$c(x, y, z, t)$：物質などの濃度，$\varepsilon_{tH}(x, y, z, t)$：水平方向の乱流拡散係数，$\varepsilon_{tV}(x, y, z, t)$：鉛直方向の乱流拡散係数，$r_c(x, y, z, t)$：生成・減衰項である．

これらの基礎方程式に加えて，非定常問題では初期条件として初期時刻の各未知量の分布が必要となる．また，計算領域の境界では各未知量の値や空間勾配などの境界条件が必要となる．物質が境界を通じて流入する場合には，境界条件として物質フラックスを与える．

column 2.3
流れの観測手法

河川，湖沼，海域ではそれぞれの特性に応じて流れ（流速と流向）や流量を測定する方法が異なっている．河川においては流量が重要となるため断面内での流速分布を測定することが求められる．電磁流速計などの一点での測定を行う機器では河川の断面全体の流速分布を求めることは困難であるため，水深の2割と8割の位置において流速の横断方向分布を測定し断面平均流速を推定する2点法が標準的に使用されるが，水深が浅い場合は6割水深位置のみ測定する1点法で代用される場合もある．さらに，棒状の浮子を水表面に投下し，既知の距

離の流下時間から流速を測定する場合もある(図2.B(a)).一方,最近では超音波ドップラー流速分布計(通称,ADCP)が様々な水域で広く使用されている(図2.B(b)).もともとは,海洋において流速の鉛直分布を同時に測定するために開発されてきたものであるが,超音波の周波数が高い機器の開発により水深の浅い水域での利用が可能になった.また,ADCPを観測船に設置して走行しながら測定する場合には,観測船の移動速度を底面からの超音波の反射を利用して高精度に測定し,相対速度を求めて流速を求める手法(通称,ボトムトラッキング)が開発されている.この場合,底面の材料が移動していることがあるため,ミリ単位の高精度な測位システムであるRTK-GPSを用いたシステムを利用する場合もある.最近では,ADCPを横向きに使用して流速の断面分布を測定するH-ADCPと呼ぶ測器を用いて河川の流量を測定する方法も用いられている.湖沼や沿岸域では流速の三次元空間分布の時間変化が必要になる場合もあるが,水温分布の流速による変化を逆解析する手法である音響トモグラフィーは三次元空間分布の連続観測を可能にしており,今後の広い利用が期待される.最後に沿岸域や海洋などの広い水域を対象とする場合には,小型のGPSを登載した浮遊ブイを流し,その軌道データからラグランジュ的な流速を測定する場合もある.この場合,軌道データはGPS機器のメモリに保存するか,衛星携帯電話を利用してリアルタイムにデータを転送するなどの方法がとられる.

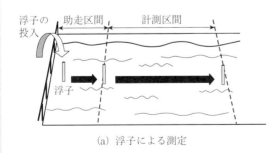

(a) 浮子による測定　　(b) ADCPによる測定

図2.B　流れの観測法

2.4 流域圏における水収支

2.4.1 湖沼・沿岸域の水収支

(1) 主要湖沼の場合

　湖沼における水収支を考える．まず，湖沼への流入源は，河川や地下水，湖面への降水等の"自然的循環"に加え，排水機場などからの流入や導水，生活・産業・農業排水等の"人工的循環"がある．湖沼における流出源としては，河川からの流出や湖面を介した蒸発と共に，湖沼が水源となっている場合には機場からの取水が行われる．

　流入量の算出方法としては，河川では，水位-流量曲線（H-Qカーブ）を用いて水位の連続観測データから流量が求められる．ただし，湖沼には一般に多数の流入河川が存在し，全河川の流入量を観測することは非現実的であるため，主要な流入河川の観測流量を用いて，残流域の流入量を比流量（＝流量／流域面積）から換算することが多い．地下水については，正確に観測・把握されていることはまれであり，水収支上無視するか，または全ての水収支の結果から逆算で求めることが多い．湖面降水は，近隣の気象観測所の降水データに水面面積を乗じて算出する．人工的循環では，機場等からの流入や各種排水は管理主体での計測データを入手する必要がある．一方，流出量についても，機場等による取水量は管理主体の実測データを用いる．湖面蒸発は，ソーンスウエイトの式(2.10)やペンマンの式(2.11)などを用いる．河川流量は上記と同じか，水門等で湖沼の水位管理がなされている場合には，別途記録されている水門通過流量を与えることが多い

　例として，琵琶湖・印旛沼・手賀沼の水収支を**表2.6**に整理する．まず，琵琶湖では，一年間の河川流入量が3.6 km^3，湖面降水量が1.2 km^3，地下水流入量が0.7 km^{3}となっている．一方，年間の流出量は，瀬田川等の下流河川への流出が5 km^3，湖面蒸発散が0.5 km^{3}となっている．琵琶湖の容積は27.5 km^3（275億m^3）であり，平均滞留時間は約60ヶ月（5年）となる．

　千葉県・印旛沼は，下流の利根川との間に設置された酒直水門により人工的に水位管理されており，酒直水門からの流入量が把握されている．印旛沼の水

表2.6 主要湖沼における諸元と水収支(ND：データなし)

	項目	単位	琵琶湖	印旛沼	手賀沼
基礎情報	水面面積	km²	674	11.6	6.5
	平均水深	m	41	1.7	0.86
	容積	km³	27.5	0.020	0.006
	流域面積	km²	3,800	541	144
	流域人口	万人	133	77	48
流入量	河川流量	km³/年	3.6	0.36	0.068
	湖面降水		1.2	0.01	ND
	地下水		0.7	ND	0.053
	排水		ND	ND	0.020
	導水		—	0.03	0.080
	小計		5.5	0.41	0.221
流出量	湖面蒸発	km³/年	0.5	ND	ND
	河川流出		5.0	0.14	0.221
	取水		ND	0.27	ND
	小計		5.5	0.41	0.221
滞留状況	平均滞留時間	月	60.0	0.58	0.30

※琵琶湖は文献8)，印旛沼は文献9)，手賀沼は手賀沼流域水循環回復行動計画に基づき作成．

は，千葉県域100万人強の上水，京葉工業地帯等の工業用水，印旛沼周辺の水田の農業用水として利用されている．水量が不足する時期は，酒直水門に併設されている酒直機場を通じて，利根川の水が印旛沼に揚水される．また，出水時には最上流部に設置された大和田排水機場を通じて流域外の東京湾に排水される．印旛沼への流入水量は年間0.41 km³，うち河川流入が0.36 km³で約9割を占める．流出水量では利水取水が年間0.27 km³と65%を占め，利水が印旛沼の水収支に与える影響が大きいことが分かる．流出水量の残り35%の大部分は酒直水門を通じて利根川に流下する．印旛沼の容量は0.02 km³であり，平均滞留時間は0.58月となる．

千葉県・手賀沼は，印旛沼と同様，非常に浅い湖沼であり，主に水質浄化を

目的として北千葉導水路からの導水が実施されている．手賀沼への流入水量は年間 0.221 km³，うち河川流入が 0.068 km³，北千葉導水が 0.080 km³ であり，北千葉導水が手賀沼の水収支に与える影響は大きい．手賀沼の容量は 0.006 km³，平均滞留時間は 0.30 月となる．

(2) 主要内湾の場合

我が国の主要内湾である東京湾と伊勢湾，大阪湾，有明海における基礎情報（水面面積，平均水深，容積，流域面積・人口）と流入量・流出量をまとめたものを表 2.7 に示す．流入量としては河川流量と海面降水，地下水，排水を考慮し，地下水流入と各種の排水についてはデータ不足のため一部のみ記入している．流出量は海面蒸発と外洋への流出量を示した．また，淡水の滞留時間も表記している．これらの比較により，いずれの内湾でも流入源としては河川が

表 2.7 主要内湾における諸元と水収支

	項目	単位	東京湾	伊勢湾*	大阪湾	有明海
基礎情報	水面面積	km²	1,380	1,730	1,447	1,700
	平均水深	m	45	19	30	20
	容積	km³	62.0	39.4	44.0	34.0
	流域面積	km²	7,597	17,675	5,766	8,420
	流域人口	万人	2,630	800	1,534	337
流入量	河川流量	km³/年	11.54	36.00	9.24	5.15
	海面降水		1.44	3.00	1.92	3.18
	地下水		ND	ND	ND	0.057
	排水		0.98	ND	ND	ND
	小計		13.96	39.00	11.16	8.39
流出量	海面蒸発	km³/年	1.32	1.80	2.40	3.06
	外海流出		8.16	37.20	8.76	ND
	小計		9.48	39.00	11.16	3.06
滞留状況	平均滞留時間**	月	53.30	12.12	47.31	48.65

*三河湾を除いたデータ，**平均滞留時間：容積/流入量，各データは文献 10），11），12）を参照．

最も大きくなっている．その河川流量は，流域面積が大きい伊勢湾が最大となっている．一方，他の3つの湾は湾の容積に対して河川流量が少なく，平均滞留時間が伊勢湾と比べて長いことが分かる．

内湾への淡水流入量の長期的な推移の一例を図2.28に示す．ここでは，東京湾における淡水流入量について，1900年以降の10年平均値の推移を示す．なお，主要流入河川の一つである江戸川は利根川から分流して東京湾に流入しているため，ここでは別に取り扱われている．また，海面降水は降水量から蒸発量を差し引いたネットの量を示す．「取水」とは流域外から人為的に取水され，東京湾流域圏内へ流入したものを表す．流域降水は，降水量×流域面積×流出率で計算されたものである．これより，大まかには自然由来の淡水供給量は変化していないが，1970年代から急激に人為的な流域外からの取水が増えたことが分かる．このように，長期的に見ても人為的影響により淡水供給量が変化し，内湾環境に何らかの影響が及ぼされたものと考えられる．

2.4.2　流域圏における水収支算定上の問題点

流域圏の水収支の算定においては，図2.3に示した水循環系のフローを正

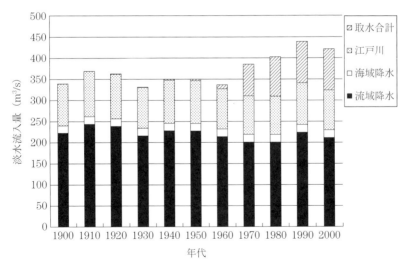

図2.28　東京湾の淡水供給量の推移[13]

確に推定することが求められる．しかしながら，実際の問題では，各フローの算定において固有の問題を含んでいる．

　流域圏への水の供給元である降水量については，国や自治体の管理する気象観測所のみでは空間解像度が粗いため，精度良い降水分布を得ることが難しい．それを解決する技術として，レーダー雨量（**コラム2.1**）をアメダス地上雨量データで補正したデータセットの提供が行われている．また，降水の河川への流出については，流出解析モデルなどによる評価が行われているが，同じ流域に対して流出や浸透に関するモデルパラメータを調整する必要があるなど課題が残っている．

　河川流量については水位からの推定値を使うが，流量の増加時と減少時では水位流量曲線が異なるなどの問題がある．また，河口域においては潮汐の影響を受け水位から流量が推定できないため，沿岸域へ実際に流入する淡水量を正確に算定することは難しい．地下水が河川や沿岸域などへ流入する量については，湧水箇所が特定されていない場合が多く，推定すら困難である．さらに，人工循環系では各機関の排水量や取水量について十分な情報が揃っていない場合が多い．

　このように，流域圏の環境水理学的問題を取り扱うに当たり，最も基本的な情報となる水収支についても解決すべき問題が多々残されている．これらには，科学的のみならず制度的な対応が必要とされる部分もあることから解決は容易ではないが，研究と技術開発の一層の進展が求められている．

演 習 問 題

(1) 河川，湖沼，海域において流れと物質輸送の数値シミュレーションを行う際に，それぞれどのようなデータを揃える必要があるのか考察せよ．
(2) 自分の出身地（市町村）における河川を対象に，流域内での年間水収支について必要なデータを収集し，算出してみよ．
(3) 一次元の物質輸送方程式(2.34a)は，断面積が一様で，流速が無く，拡散係数が定数であり，対象物質が保存性であるならば，次式で表される．

$$\frac{\partial \bar{C}}{\partial t} = D_a \frac{\partial^2 \bar{C}}{\partial x^2} \qquad (2.34a')$$

時刻$t=0$に原点$x=0$において物質量Mが瞬間点源投入されたとする．このときの解を求めよ．なお，$x=\pm\infty$で濃度は0とする．

(4) 上問の解から，物質の拡がり幅（標準偏差）の時間変化が示される．それを用いて，拡散係数の値に応じて水域の空間スケールに対する物質の拡がりに要する時間スケールの関係を論じよ．

(5) 三次元の物質輸送方程式(2.44)を導出せよ．

第3章

熱・塩分の動態

3.1 流域圏における熱・塩分動態に関わる諸問題

3.1.1 水温と塩分

　水の流れは，熱の移動を伴い，**水温**（water temperature）の変化をもたらす．また，**海水**（seawater）が含まれる場合には，水中の塩分の変化をもたらす．この水温と塩分の変化は，水の密度という基本的な物理量を変化させることに加え，様々な化学的・生物的な影響を及ぼす．

　水温変化の要因は，太陽・大気からの放射エネルギー，水面での大気との熱交換，さらに水運動に伴う熱輸送などである．水の密度は水温と塩分，圧力により変化するが，一般に浅い水域を対象とする環境水理学分野では，密度は水温と塩分のみの関数と扱ってよい．水域において水平方向もしくは鉛直方向に密度の変化がある場合には，その変化に起因した特徴的な流れが生じ，水中に存在する土砂やプランクトンなどの浮上ないし沈降する速度も変化する．一方，水温は溶存酸素量DO（5.2.2 (1) 参照）などの水質への影響をはじめ，生態系や農業，漁業など幅広い範囲に影響を及ぼす．例えば植物プランクトンでは，冷たい水温を好む珪藻類は春季に増殖するのに対して，**アオコ**（algal bloom）を形成する藍藻類は温かい水温を好み，夏季以降に発生する．

　一方，塩分は海水中に溶けている物質の割合を示す指標である．塩分が異なる水塊（例えば海水と**淡水**（freshwater））の混合を考えると，混合の前と後では塩分の総量は変化しないため塩分は保存される．塩分の化学的影響としては，

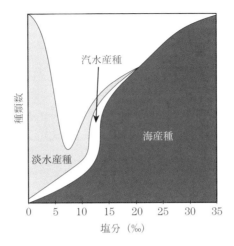

図3.1 水域における塩分と生物種類数の関係

凝固点を0℃以下にし，海水を氷結しにくくさせると共に，高塩分の海水は高い浸透圧により生物相に直接的な影響を与える．さらに，水温と同様に，生物相に適した塩分があるため，図3.1のように，淡水から海水の塩分に応じて動・植物プランクトン，水生植物，魚類などの異なった種による生態系が形成される．淡水と海水が混じり合う汽水域や沿岸海域では，強固な塩分成層（3.2.3(2)参照）による貧酸素化，富栄養化が生じることがあり，それら物理的および化学的影響が間接的に生物相に大きな影響を与える．

3.1.2　熱・塩分の動態に関わる諸問題

　流域圏における熱・塩分の動態に関わる諸問題を例示する（図3.2参照）．
　ダム貯水池では，その下流河川の水温に問題が生じないように選択取水設備（6.2.2(1)参照）を運用するために，湖内の水温鉛直分布を把握・予測する必要がある．特にダムの規模が小さい場合は，取水方法がダム湖内の水温分布に影響を与えるため，取水による水温変化の把握はより重要となる．また，湖内の水温は，出水に伴う濁水の挙動を規定するため，平常時から水温を適切に管理する必要がある．このようなダムからの放流水は，流入する河川水温に比べて水温が高すぎる（温水放流）あるいは低すぎる（冷水放流）と，水稲の生育不

図3.2　水温と塩分に関わる水環境問題

良や魚類への悪影響が出る可能性がある．従来は，冷水放流のみが問題視されていたが，現在では，自然状態にできるだけ近い環境を保持する観点から，温水放流も問題となり，ダムや河川の水温管理の重要性がより増している．

　後背地に農地を抱える河川下流域においては，塩水を取水すると作物の生育に支障が生じる．これを塩害と呼ぶ．この対策として，潮止め堰を設けることが多い．また，同時に水資源の開発を行う場合は，河口堰が建設される．堰の設置は，河川の流れを阻害し水を滞留させるため，水温上昇や水質悪化を招くこともある．したがって，これらの影響をできるだけ少なくするための設計上の工夫や運用がなされなくてはならない．海につながる汽水湖においても，湖水を周辺農地に利用している場合は塩害が心配されるが，シジミが重要な漁業資源である場合は適度な塩分が必要となる．したがって，汽水湖が農業用の水資源確保と漁業資源保護の両面で利用されている場合は，塩分の管理は複雑となる．

　内湾や汽水湖では，水温・塩分成層が形成され，特に夏季ではその成層状況が強化されることが多い．その結果，表層と底層の間における上下の混合が抑制され，底層における貧酸素化の進行やそれに伴う水質悪化の問題が生じる．

貧酸素化は魚や二枚貝などの大量斃死をもたらすことがあり，水質悪化は植物プランクトンの大量発生につながる．

　地球温暖化に伴って，気温の上昇や異常洪水・渇水の多発，海面上昇などの変化が予想されている．21世紀末の地球の平均気温は20世紀末に比べて1.0～3.7℃上昇するといわれている[1]．この気温の上昇に伴って，河川や地下，湖沼，沿岸域の水温も上昇する．これにより，生態系へ影響を及ぼすことが懸念され，とりわけ陸上の生物より温度変化に対する反応が敏感な魚類への影響が心配される．また，異常洪水・渇水の増加は，湖沼や河口域，沿岸域の水収支や水温・塩分構造を変化させ，水質変化を起こす可能性がある．さらに，21世紀末の地球平均で40～63 cmの範囲で予測される海面水位の上昇[1]は，河口域や汽水湖における塩水の遡上距離を増大させる等の影響を与える．このように地球温暖化の影響は様々な形で流域圏の熱・塩分の動態に現れるため，それらをできるだけ正確に予測し，対応策を立てることが重要になっている．

3.2　熱・塩分環境に関わる基礎事項

3.2.1　放射エネルギーと光

(1) 放射エネルギーの分類

　放射エネルギーの伝播の様子を図3.3に示す．水を温めるエネルギー源は主に太陽からの放射すなわち，**太陽放射**(solar radiation)である．地球大気の上端で，太陽光に垂直な面に入射する太陽のエネルギーは平均して1.37×10^3 W/m^2(これを**太陽定数**，solar constantという)である．そして，地球大気や雲，エーロゾル(エアロゾル)などによる散乱・反射・吸収の結果，大きくて約1,000 W/m^{2}が地球表面に達する．この太陽放射が地表面に到達するエネルギーを**日射**(solar radiation)と称する．この日射は，太陽から直接到達した直達日射と天空のあらゆる方向から来る散乱日射の2つからなり，これらを併せて**全天日射**(solar radiation)とも呼ばれる．また，後述する地球放射より波長が短いことから**短波放射**(shortwave radiation)とも呼ばれる．太陽放射は波長帯0.25～4 μm(=250～4,000 nm)の範囲に99%のエネルギーが含まれる．また，その中の0.38 μm(紫)～0.77 μm(赤)の範囲が全エネルギーの約半分

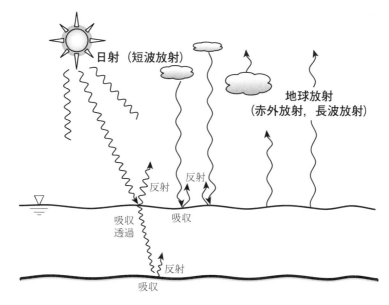

図3.3 大気・水中における放射エネルギー伝播の様子

を占め，その波長帯が人間の眼に見える可視光である．日常的にはこれを**光**（light）と称しているが，ここでは電磁波としての太陽放射エネルギーすべてを総称して光と呼ぶ．これとほぼ同じ波長帯の0.4～0.7 μmが，植物プランクトンを含む光合成に用いられる**光合成有効放射**（photosynthetically active radiation, PAR）である．太陽放射の中でも特に波長の短い0.28～0.32 μmの紫外線は生物の遺伝情報を与える細胞のDNAを損傷させることが知られている．

これに対して，大気，雲，水面を含んだ地表面からの放射である**地球放射**（terrestrial radiation）は，波長10 μm付近を中心としたスペクトルであり4～100 μmの赤外線の領域にそのほとんどが含まれるため，**赤外放射**（infrared radiation）あるいは**長波放射**（longwave radiation）と呼ばれる．

(2) 短波放射

水面に到達する下向きの短波放射$S\downarrow$は，水面において一部反射して短波放射の上向き成分$S\uparrow$が生じ，残りは水中にて透過・散乱・吸収される．日射量で

あるS↓は気象官署を中心に観測されている．これに関連した**日照時間**（actual sunshine duration）は，1日のうちで，日照計で測定される直達日射量が120 W/m²以上である時間と定義され，全国の気象官署及びアメダス地点ではぼ観測されている．日射量が計測されていない場合は，空の全天に占める雲の割合（**雲量**，cloud cover）や日照時間から日射量を推定することができる[2]．

水面に入射する短波放射の一部は反射するが，反射量と入射量の比を**アルベド**（アルベード，albedo）と呼ぶ．一般に太陽高度が低いほど，スネルの法則とフレネルの法則によりアルベドは大きくなる．ただし，風速の増加に伴い水面に波が発達すると，アルベドの太陽高度依存性は小さくなる．また，水面に到達する短波放射は散乱光の影響があるため，大きな日変化はなく，季節的な太陽高度の違いから，アルベドは夏季に0.06程度，冬季に0.1程度となる．アルベドr_sの季節変化を考慮する時には，以下のような式を用いることができる．

$$r_s = \bar{r}_s + a\cos(2\pi d/D) \tag{3.1}$$

ここで，$\bar{r}_s = 0.08$，$a = 0.02$，dは1月1日からの日数（1月1日$d=1$，2月1日$d=32$），Dは1年の基準日数（$=365$）である．

(3) 長波放射

長波放射は，大気や雲からの下向き成分$L\downarrow$と水面や地表面からの上向き成分$L\uparrow$との2つがある．したがって，正味の長波放射$L_n = L\downarrow - L\uparrow$となる．下向き長波放射$L\downarrow$は，水蒸気や二酸化炭素などの少量の気体から射出されるとともに，地表面（水面）からの長波放射が一部反射されたものが再び地表面へと到達する．$L\downarrow$と$L\uparrow$の推定には様々な式が提案されているが，ここでは代表的な次式をあげておく[3]．

$$L\downarrow = (1-r_L)(1+0.17C^2)\varepsilon_a(T_a)\sigma T_a^4 \tag{3.2}$$

$$L\uparrow = \varepsilon_w(T_a)\sigma T_w^4 \tag{3.3}$$

ここで，r_Lは長波放射の水面に対するアルベド（$\fallingdotseq 0.03$），Cは雲量（$=0\sim1$），ε_aは大気の長波射出率（$=9.37\times10^{-6}T_a^2$），T_aは気温[K]，ε_wは長波放射の水

面での射出率($≒0.96$),$σ$はステファン-ボルツマン定数($=5.670×10^{-8}$W/(m^{2}K^4)),T_wは水面温度[K]である.

(4) 水中の光

水面で反射されなかった光は水中に入り,吸収と散乱によって減衰する.水面での光強度をI_0としたとき,光強度I_zは以下のように深さz(m)とともに指数関数的に減少する(Lambert-Beerの法則).

$$I_z = I_0 e^{-\eta z} \tag{3.4}$$

ここで,ηは光の**消散係数**(extinction coefficient)である.ηは水そのものの影響による減衰のほかに,水に浮遊している粒子性物質や色をもつ溶存性物質などにより変化する.水による減衰効果は,光の波長によって異なり,清澄な水において赤色光は10mまでに消失するのに対し,青色光は60mの深度でも半分以上のエネルギーを持つ.それゆえ深く透明な湖や海での水中写真は青く見える.前述したように,光は短波放射に相当しているので,水中における下向き短波放射$S↓$も式(3.4)のように深さzとともに減衰する.

水中光量子計(水中照度計)を用いた観測から消散係数ηを求めることができるが,簡易的には**透明度**(transparency)D_s[m]を用いて以下の式から推定することが多い[4]).

$$\text{海洋以外の場合}:\eta = 1.7/D_s \tag{3.5}$$

$$\text{海洋の場合}:\quad \eta = 1.45/D_s \tag{3.6}$$

3.2.2 熱・水温

(1) 水面における熱収支

水域の水温変化には,水面を通した熱のやりとり,すなわち,水面での熱収支が大きな影響を及ぼす.特に,河川と浅い湖沼・沿岸域では,この影響はより顕著となる.水面における熱収支としては,地表面と同様に,水表面を極薄い層とし,正味の放射量R_nが**顕熱輸送量**H(sensible heat flux)と**潜熱輸送量**lE(latent heat flux),水中への熱輸送H_wに分配されるとすると,次式のよう

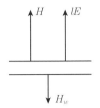

図3.4　水面での熱収支

になる（図3.4）．

$$R_n = H + lE + H_w \tag{3.7}$$

ここで，短波放射が水面に到達した後，一部反射し，残りが透過し，水面では吸収されないとすると，水面での正味の放射量は以下の式となる．

$$R_n = L\downarrow - L\uparrow \tag{3.8}$$

式(3.7)の顕熱輸送量Hとは，対流や乱流運動による水面から大気への熱輸送である．例えば，気温より水温が高いときは，風が吹くと水面から大気へ熱が輸送されて大気が暖められ，水温より気温が高いときには逆向きに輸送される．このとき，水面から大気へ熱が輸送される場合を正と扱う．一方，潜熱輸送量とは，水面から大気への蒸発に伴う熱輸送のことである．水面で短波・長波のエネルギーを吸収し蒸発した水蒸気が，上空で再び凝結し雲をつくるとき熱を放出するため，潜んだ熱エネルギーとして潜熱と呼ばれる．それぞれの推定式としては，一般に次のバルク式が用いられる．

$$H = C_H (T_w - T_a) U_a C_p \rho_a \tag{3.9}$$

$$lE = l C_E (q_s - q_a) U_a \rho_a \tag{3.10}$$

ここで，C_HとC_Eはそれぞれ顕熱と潜熱に対するバルク輸送係数（≒1.3×10^{-3}，$C_H \fallingdotseq C_E$），U_aは風速(m/s)，C_pは空気の定圧比熱（$=1003$ J/kg/K），ρ_aは空気の密度(kg/m³)，q_aは空気塊の比湿(kg/kg)（$=\rho_w/\rho_a$，ρ_w：水蒸気の密度），q_sは水面での水温T_sに対する飽和比湿(kg/kg)，lは水の気化潜熱（$=2.453 \times$

10^6 J/kg)である.また,風速,比湿などの観測値は高さ10 mの結果が一般に用いられる.

水中への熱輸送H_wとは,正味の放射量により水表面の温度が上昇し,水温勾配が形成され,それに伴って生じる下向きの熱輸送のことである(下向きを正とする).地表面における熱収支の場合には,一般に,熱伝導により地表面から地中へ熱は輸送されるため,"地中伝導熱"と呼ばれるが,水中の場合には,熱伝導以外にも,水の運動に伴う対流による熱輸送も含まれる.

なお,水域における熱収支を考えるときには,このほか,降水による熱量輸送P,水平移流に伴う熱輸送Fおよび底面との熱交換H_{soil}などがある.通常,Pは無視できる程度であり,H_{soil}についても無視されることが多い.しかしながら,水深数メートル以下の河川や湖沼,沿岸域ではH_{soil}が重要となる.

(2) 水温成層

湖沼や沿岸域では,日射は水中では深さとともに指数的に減少して表層の水温を暖め,冷たく重い水の層の上に温かく軽い水の層を形成する.これに加えて,水の対流と風による攪拌に伴って,図3.5のように3つの層をもつ水温成層が形成される.これらは水面に近いところから,**表水層**(epilimnion),**変水層**(metalimnion),**深水層**(hypolimnion)と呼ばれる.表水層と深水層に挟ま

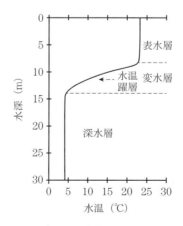

図3.5 湖沼と沿岸域における水温成層

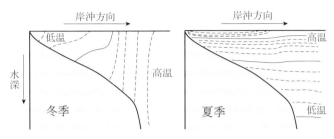

図 3.6　沿岸域における冬季・夏季の岸沖方向の等水温線

れた変水層は水温の大きく変化するところであり，その中でも水温勾配が最大となる水深を**水温躍層**（thermocline）と呼ぶ[4]．躍層の位置は風による攪拌で深く移動し，**内部重力波**（internal gravity wave）の影響で時には 10 m 以上の大きな上下変動を起こす（3.2.5 (4) 参照）．水温成層による最大水温較差は 30℃程度であり，密度の差で 6 kg/m^3 となる．これは塩分の違いによる密度差に比べるとかなり小さいが，この成層を破壊するには大きなエネルギーを必要とする．また，沿岸域においては，冬季では流入する河川の水温が海水温より低く，夏季ではその逆であることから，河口から沿岸域の沖方向に向かって水温勾配ができる．その様子は，**図 3.6** に示すように，夏季においては鉛直方向の水温成層の方が強く表れる．

3.2.3　塩分

(1) 塩分と塩素量

「水 1 kg 中に溶けている物質の総質量 [g]」を塩分もしくは**絶対塩分**（absolute salinity）という．単位は g/kg あるいは千分率（‰，パーミル）を用いる．日本近海の表層では 33〜35‰程度である．海水の塩分は**表 3.1**に示す主要 11 イオンからなり，Cl$^-$ と Na$^+$ で全体の 85%以上を占めていることが分かる．地球上の海水の量は約 13.7 億 m^3 であり地球上の水分の 97.6%を占めているが（2.1 参照），海洋の塩分は場所，季節により変動する．

塩分を上記の定義に従って，実際に直接計測するには手間を要する．そのため 1970 年までは，塩素量 Cl[‰] から一定値をかけて塩分を求める方法が広く用いられていた．しかし，1978 年には電気伝導度と塩分の関係から推定する

表3.1 海水の主要成分の組成[5]

成分	濃度 (g/kg)	質量百分率 (%)
Cl^-	19.353	55.04
Na^+	10.76	30.60
SO_4^{2-}	2.712	7.71
Mg^{2+}	1.294	3.68
Ca^{2+}	0.413	1.17
K^+	0.387	1.10
HCO^{3-}	0.142	0.40
Br^-	0.067	0.19
$B(OH)_3$	0.026	0.07
Sr^{2+}	0.008	0.02
F^-	0.001	0.003
合計	35.163	

実験式が国際的に定められ，これが実用塩分S_P (Practical Salinity Scale 1978: PSS-78) である．実用塩分は本来無次元であるが，実用塩分であることを明示するために，pss あるいは psu (Practical Salinity Unit) を付けることもある．しかしながら，絶対塩分と実用塩分の相対差は最大0.5%程度生じる可能性があるため，SI単位系で表記可能でかつ精度良く測定可能な定義として，2010年に新たな塩分S_R (Reference Composition Salinity) が提案され，近似的には，$2<S_P<42$の範囲で次式が成り立つ[6]．

$$S_R (g/kg) = 1.0047154 S_P = 1.815069 Cl (‰) \tag{3.11}$$

(2) 塩分成層

　塩分成層とは，水温成層と同様に，塩分の低い表水層と高い深水層が形成されている状態である．その遷移域の最も塩分が変化するところが**塩分躍層** (halocline) と呼ばれる．この塩分成層は，淡水と海水が混じる河口域や汽水湖，内湾に見られると共に，塩分の高い外洋の海水と低い内湾の海水が混じる時にも生じる．塩分成層は水温成層を伴うことも多く，これらは浅い汽水湖の場合はほぼ同じ水深に躍層を形成する．この際，図3.7に示すように，夏季には上層は高温・低塩分，下層は低温・高塩分となり，冬季には上層は低温・低塩分，

第3章 ■ 熱・塩分の動態

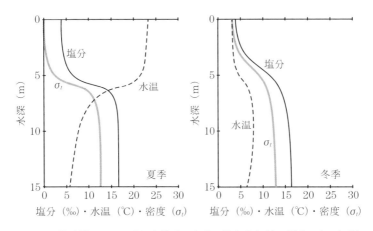

図 3.7　汽水湖における水温と塩分，密度の鉛直分布（左：夏季，右：冬季）

下層は高温・高塩分となることが多く，密度差としては夏季の方が大きくなる（密度について 3.2.4 を参照）．冬季では，上下層間の密度差が小さいことや季節風などの強風に伴う混合により，塩分躍層の勾配は緩やかになる．

3.2.4　密度の算出

　自然水域における水の密度は，水温や塩分，圧力，土砂濃度により変化する．前述したように，環境水理学分野で扱う河川，湖沼，沿岸では圧力による影響を無視できる．また，本節では土砂濃度による密度変化は考えない．標準大気圧（1気圧＝101,325 Pa）における水温・塩分変化に伴う密度コンターを図3.8に示す（図中の点A〜Gは 3.2.5 (3) にて説明する）．図中における密度の等値線はいずれも直線的にならず曲線となっている．密度と水温・塩分が線形的な関係であれば図中の等値線は直線になるはずであるので，密度は水温・塩分の非線形関数となっていることが分かる．以下では，淡水と海水の密度を求める方法を紹介する．

　淡水の密度 ρ_T (kg/m^3) は，塩分の影響が無く水温 T (℃) のみの関数となるため，次の近似式が使われる．なお，淡水の密度は約 4.0℃ の時に最大となる．

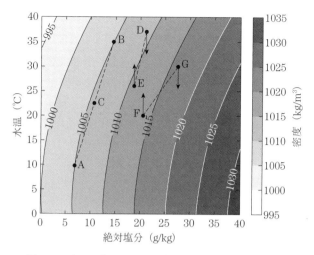

図 3.8 水温と塩分による密度コンター（標準大気圧下）

$$\rho_T = 999.842594 + 6.793952 \times 10^{-2}T - 9.095290 \times 10^{-3}T^2$$
$$+ 1.001685 \times 10^{-4}T^3 - 1.120083 \times 10^{-6}T^4 + 6.536332 \times 10^{-9}T^5 \quad (3.12)$$

一方，海水の密度 ρ（kg/m³）に関しては，塩分の取り扱いにより非常に複雑な関係式[6]となっているが，標準大気圧下における実用塩分 S_P と水温 T の関数となる簡易的な近似式が提案されている[7]．

$$\rho = \rho_T + (0.824493 - 4.0899 \times 10^{-3}T + 7.6438 \times 10^{-5}T^2 - 8.2467 \times 10^{-7}T^3$$
$$+ 5.3875 \times 10^{-9}T^4)S_p + (-5.72466 \times 10^{-3} + 1.0277 \times 10^{-4}T$$
$$- 1.6546 \times 10^{-6}T^2)S_p^{1.5} + 4.8314 \times 10^{-4}S_p^2 \quad (3.13)$$

また，海水の密度を表わす際に，桁数を減らすため，密度から 1000 kg/m³ を差し引いた σ_t（シグマティー）と呼ばれる値が用いられることが多い[8]．

$$\sigma_t = \rho - 1000 \,(\text{単位}: \text{kg/m}^3) \quad (3.14)$$

一般的な 32～37‰ の塩分の海水は，凝固点が約 −1.9℃ であり，約 −3.0℃ で最大密度となる．冬季のように水面から冷やされる場合を考えると，淡水の場合は最大密度となる 4.0℃ 以下になると密度が徐々に小さくなるため，鉛直方

向の対流現象(自然対流)が生じなくなる．しかしながら，海水は凝固点まで密度が増加し続けるため，凍るまで鉛直対流が促進され続ける．また，地球全体では，海水は低緯度では水分の蒸発量が多く，高緯度では淡水だけが結氷することで塩分が増加し，結果として両者における密度が増加する．一方，降雨，河川水の流入，氷の融解は海水の塩分を減少させる．これらのバランスによって沿岸海域や外洋の塩分が決定される．

column 3.1

海水の密度[6]

　海水の密度の求め方については，現在まで様々な方法が提案されている．最近まで式(3.13)に示した1980年にUNESCOによって提案された状態方程式EOS-80 (International Equation of State of Seawater) が標準的に用いられてきた．しかし，近年，それに代わる新しい海水の状態方程式TEOS-10 (Thermodynamic Equation of Seawater 2010) の採用が承認され，今後は，海水の厳密な密度の算出には，TEOS-10を用いることが推奨される．両者の大きな違いとしては，EOS-80では実用塩分(psu)が用いられるのに対して，TEOS-10では絶対塩分の関数として密度を表すところにある(実用塩分は電気伝導度を基に算出されるが，電気伝導度が同じであっても，密度が異なる場合があることが問題であった)．

3.2.5 密度差に起因する流れ

(1) 密度流の分類

　密度差によって生じる流れを密度流と呼び，長期・短期的な物質輸送に深く関わっているため，環境水理学を学ぶ上で欠かせない重要な流動現象となっている．例えば，何らかの要因で水平方向に密度差が存在する場合，圧力のバランスが崩れ，密度の高い水塊は低い水塊の下に潜り込もうとする流れが生じる．一方，密度の低い水塊の上部に高密度な水塊が存在すれば，重力的に不安定な状態となり，重力の作用によって上下の水が入れ替わる鉛直対流が生じる．環

表3.2 主な密度流現象の分類

要因	現象	湖沼・貯水池	河口域	沿岸域
水平方向の密度差	塩水遡上，塩水くさび		○	
	エスチュアリー循環		○	○
	河口フロント		○	○
重力不安定	サーマルサイフォン	○		○
	自然対流	○	△	○
	サーマルバー	○		
	熱塩対流	△（汽水湖）	○	○
内部重力波	内部界面セットアップ	○	△	○
	内部セイシュ	○		△
	内部潮汐			○
	短周期内部波	○		○

境水理学で取り扱う主な密度流を，湖沼・貯水池，河口域，沿岸域に分類してまとめたものを**表3.2**に示す．ここでは，密度流の形成要因として，「水平方向の密度差」，「重力不安定」，「内部重力波」に分けて示している．以下では，各要因における特徴的な密度流現象を例示する．

(2) 水平方向の密度差に起因する密度流

淡水と海水が混じり合う河口域や沿岸域では，水平方向に大きな密度差が形成されており，それに伴う密度流が生じる．その一つである**塩水遡上**（saline intrusion）は，潮汐により海水が河口域を遡上する現象である．これは，水面勾配（潮汐流）と水平密度勾配（密度流）により駆動される[9]．塩水遡上の形態は河川流量，河道形状，潮汐変動によって異なり，**図3.9**に示すように，(a)弱混合型（密度流が支配的，塩水くさびとも呼ばれる），(b)緩混合型（aとcの中間），(c)強混合型（潮汐流が支配的）に大きく分類される．

強混合型の塩水遡上は，潮汐変動が大きく，河川流量の小さい河川で生じやすく，塩分は水面から底面までほぼ一様となる．この混合型の塩水遡上では，潮汐変動に伴って先端部は大きく上下流に移動する．一方，弱混合型では，海

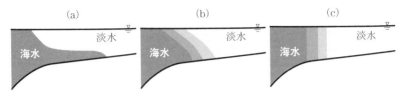

図3.9 塩水遡上の分類 (a) 弱混合型, (b) 緩混合型, (c) 強混合型

水と淡水が上下に分かれた二成層状態となって，上流側に海水がくさび状に侵入する．日本海側の潮汐変動が小さい河川では塩水くさびが発生することが多い（信濃川等）．弱混合型では，塩淡界面で生じる連行現象によって淡水の上層に塩分が下層から取り込まれるが，強混合型と比べてその混合は活発ではない．これらの混合型の分類は河川ごとにそのタイプが必ず決まっているということではなく，大潮・小潮，さらに一潮汐の中でも混合型が変化する事例もある．実際，潮汐変動の大きい筑後川では，大・中潮時には強混合型となるが，小潮時には弱混合型となり塩水遡上距離が伸びる[10]．

次にエスチュアリー循環について，図3.10を用いて説明する．河口域や内湾において，河川から供給される淡水は周辺の海水よりも密度が小さいため，水面付近を沖合に向かって流れる．一方，密度流の効果で下層の海水は岸向き（河川水とは逆向き）に流れて，外洋水を湾内へと運ぶ鉛直循環流となる．東京湾等の場合のように空間スケールが比較的大きい場合には，コリオリ力により水平循環を伴う3次元的な流れとなるほか，水面からの加熱や冷却の影響で流れの形態が変化することが知られている[11]．

図3.11に示すサーマルサイフォンについて説明する．日射や風による混合（連行）に空間分布がある場合，水平方向に水温勾配が生じる．また，日射が一様でも，水深の違いによって熱容量が異なることに起因する水平方向の水温勾配が生じる．これらの水温の水平勾配により密度流が発生する．これらの密度流はサーマルサイフォンと呼ばれる．冬季の琵琶湖では，水面からの放熱はほぼ一様であるが，浅く熱容量の小さい南湖は，深く熱容量の大きい北湖よりも低温化しやすい．その結果，南湖の低温水塊が密度流として北湖の底層に流れこむサーマルサイフォンが生じる．図3.12右は南湖と北湖の連結部で生じているサーマルサイフォンの観測結果である[12]．

3.2 ■ 熱・塩分環境に関わる基礎事項

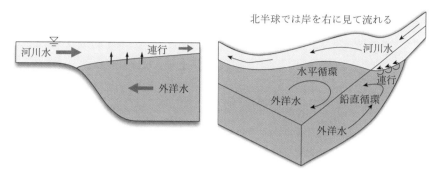

図3.10 エスチュアリー循環(左:鉛直2次元,右:コリオリ力の影響あり)

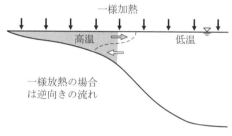

図3.11 サーマルサイフォン

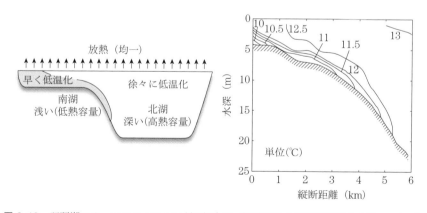

図3.12 琵琶湖のサーマルサイフォン(左:概念図,右:南湖と北湖の連結部の水温コンター)

column 3.2

逆転水温成層と化学成層流[13]

　ダム貯水池の水温は，一般的に水面付近が高く，底層に向かって低くなる．しかしながら，富栄養化が進んだダム貯水池では底層で水温が再び上昇し，直上の水温よりも高くなる「**逆転水温成層**(inverse thermal stratification)」が発達することがある．これは，水温のみに着目すると不安定な状態であり，一見不思議な現象である．

　この逆転水温成層が安定して存在するのは，高温・高塩分水塊の熱塩輸送による．富栄養化が極めて進んだダム貯水池において，受熱期最盛期には形成された水温躍層よりも上方に，その下層の貧酸素水塊が拡大することがある．その貧酸素水塊にさらされた底泥からは栄養塩・金属などが溶出し，周辺の水塊の密度を大きくする．その結果，急峻な貯水池傾斜面に沿って一種の重力流，すなわち「**化学成層流**(chemical stratified flow)」が発生し，水温躍層より上方の暖かくて重たい水塊を貯水池底層まで輸送する．

　このように，ダム貯水池で見られる逆転水温成層は，水温と塩分の組み合わせにより織りなされる興味深い密度流現象であるが，富栄養化が深刻なダム貯水池における水質汚濁の病理を如実に示す現象の一つともいえる．

(3) 重力不安定条件下の鉛直・水平対流

　鉛直方向の密度差が重力的に不安定な状況下において生じる鉛直対流やそれに伴う水平対流について示す．秋季から冬季にかけて，気温が水温よりも低くなる時期には，水面付近の水塊は冷却によって下部の水塊よりも密度が高くなり，鉛直対流が発生する（図3.13）．この流れは**自然対流**(natural convection)と呼ばれ，湖沼や沿岸域で発生し，3.2.2で説明した夏季に生成される水温成層を徐々に破壊する．

　湖沼では，水温の異なる河川水と湖水の混合によってサーマルバーと呼ばれる鉛直循環流が生じることがある（図3.14）．淡水の密度は約4℃で最大とな

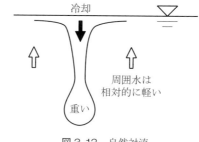

図3.13　自然対流

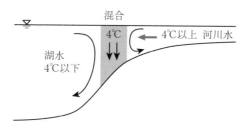

図3.14　サーマルバー（河川の水温＞湖の水温の場合）

るため，等密度で4℃以下と4℃以上の2つの水塊がぶつかり合う境界（フロント）付近では，混合によって周りよりも密度が大きい約4℃の水塊が発生する．その結果，フロント周辺では下降流が発生し，鉛直混合が促進される．これは，密度が水温の非線形関数になっていることに起因する（3.2.4参照）．

沿岸域では熱塩フロントと呼ばれる，サーマルバーと類似の混合に伴う鉛直対流が生じることがある．内湾の湾口部のように内湾水と外洋水などの水温と塩分が異なるが等密度の水塊が接する海域では，混合によってより密度の高い水塊が生成され下降流が発生する．これはキャベリング現象と呼ばれ，密度が水温や塩分に対して非線形的に変化することが原因である．図3.8中に示されているように，A点とB点の成分を持つ水塊が完全に混合すると，C点の水温・塩分の水塊になり，そこではA点やB点の水塊よりも密度が高くなることが分かる．

さらに，沿岸域や汽水湖では，図3.15に示す**二重拡散対流**（double-diffusive convection）と呼ばれる密度流現象が生じることがある．二重拡散対流を引き起こす状況には，密度全体としては安定成層であるものの，①上層が

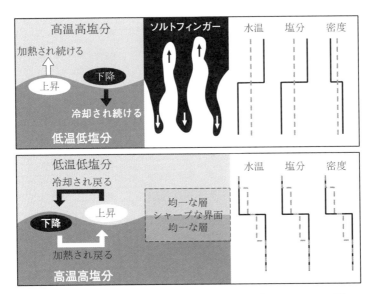

図3.15 二重拡散対流のメカニズム(上:salt finger型,下:diffusive型)
(左:メカニズム,中:現象,右:鉛直分布(実線:初期,破線:混合後))[14]

高温・高塩分(図3.8点D),下層が低温・低塩分(同点E)の場合(salt finger型,ゆっくり拡散する塩分が不安定要因)と,②上層が低温・低塩分(図3.8点F),下層が高温・高塩分(図3.8点G)の場合(diffusive(過剰安定)型,早く拡散する水温が不安定要因)の二つがある.いずれのケースも,初期には重力的に安定であるが,水温の拡散係数が塩分よりも約100倍大きいために,各点の塩分はほとんど変化せず,水温が一様化するように図3.8中の矢印の方向に変化する.その後,salt finger型(点D,E)の場合では,残った塩分差により上層の密度が下層を上回り,重力的に不安定となり鉛直対流が生じる(図3.15(上図)).一方,過剰安定型の場合(点F,G)では,各層の境界部付近では,上層では温められ,下層では冷やされ,それぞれの層内では水温が重力的に不安定な鉛直勾配となるため,それぞれの層で鉛直混合が促進される.結果として,界面の上下に水温・塩分が均一な層が生成され,階段状の密度分布となる(図3.15(下図)).

（4）様々な周期を持つ内部重力波

　湖沼や沿岸域において，風が水面に作用すると表層水が風下に運ばれて風下の水位が上昇するというセットアップが生じる．この時，水域にて密度成層が形成されていると，その水位変化に応答して密度躍層は反対側に傾き，風上側で上昇，風下側で下降するという密度躍層のセットアップが生じる（図3.16(a)）．風応力が十分大きく，その作用時間が長い場合には下層水が水面に達し，沿岸湧昇・沈降と呼ばれる現象が生じる（2.2.5参照）．

　このセットアップが生じた状態で風が止むと，だるまの場合と同様に振動しながら元の状態に戻ろうとする．この密度成層が水平に戻ろうとする際に生じる振動を内部セイシュと呼んでいる（（図3.16(b)）．水面においても振動する表面セイシュ（単に，セイシュ（静振）ともいう）が生じる．内部セイシュの振動周期は長く，振幅も大きい．例えば，琵琶湖では周期2.5日程度の内部セイシュ（コリオリ力の影響を受けるので内部ケルビン波）が観測されている．この時空間スケールの大きい波は，水域内の物質輸送を考える上で非常に重要な物理現象であることが知られている．

　この内部セイシュのように周期の長い波動的な密度流として，外洋や沿岸域で観測される内部潮汐がある．成層している海域において，潮流が急峻な海底地形に沿う強い鉛直流を発生させると密度界面を変動させるため，潮汐の周期を持った内部潮汐が発生する．また，内部セイシュや内部潮汐よりも時間・空間スケールが小さく，成層水域に発生する内部重力波を一般に短周期内部波と呼ぶ．短周期内部波は，内部潮汐と海底地形の干渉，内部セイシュの非線形的な分裂等で発生し，密度の異なる層の境界面を伝播する．この波は沖から岸に

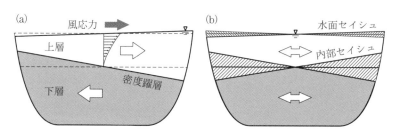

図3.16　(a)風によるセットアップと(b)内部セイシュ

伝播して一部は砕波し，鉛直混合が促進され，栄養塩等の物質循環に寄与していると考えられる．

column 3.3
内部セイシュの周期

夏季に成層化した湖における水温の鉛直分布は，一般的に水温がほぼ一様となっている上層と下層，そして緩やかに水温が変化する変水層の3層構造となっている（3.2.2 (2) 参照）．温帯に位置する湖では，夏の終わりから秋にかけて水面からの冷却（自然対流）を伴い始めると，3層構造から明瞭に上層と下層に分かれた2成層構造となることが知られている．3.2.5 (4) で学んだように，成層水域に風応力が作用することによって内部セイシュが発生するが，いくつかの仮定の下（平らな湖底，摩擦無し，地球自転の影響なし），2成層構造の湖における内部セイシュの振動周期 T は，次式のようなシンプルな理論式によって求めることができる．

$$T = \frac{2L}{\sqrt{g \dfrac{\rho_2 - \rho_1}{\rho_1} \dfrac{h_1 h_2}{h_1 + h_2}}}$$

ここで，L は湖の長さ，g は重力加速度，ρ は密度，h は層厚を表しており，添え字の1, 2はそれぞれ上層と下層の値であることを示している．この式から，上下層の密度差が小さいほど，水域の長さが長いほど，内部セイシュの周期が長いことが分かる．

3.3 流域圏及び各水域における熱・塩分動態の特徴

3.3.1 熱・塩分に関する基礎方程式系

熱の収支を支配する基礎方程式は，3次元の熱輸送方程式である．この方程式は一般的なスカラー量の輸送方程式と同形であり（2.3参照），水温Tに関しては式(2.44b)より次式で表わされる．

$$\frac{\partial T}{\partial t}+u\frac{\partial T}{\partial x}+v\frac{\partial T}{\partial y}+w\frac{\partial T}{\partial z}=\frac{\partial}{\partial x}\left(D_{tH}\frac{\partial T}{\partial x}\right)+\frac{\partial}{\partial y}\left(D_{tH}\frac{\partial T}{\partial y}\right)+\frac{\partial}{\partial z}\left(D_{tV}\frac{\partial T}{\partial y}\right)+r \tag{3.14}$$

ここで，$D_{tH}(x, y, z, t)$：水平方向の乱流熱拡散係数，$D_{tV}(x, y, z, t)$：鉛直方向の乱流熱拡散係数，$r(x, y, z, t)$：生成・減衰項である．この生成項rとしては，水中における短波放射量Sの吸収に伴う昇温効果として，次式で与えられる．

$$r=\frac{1}{\rho C_P}\frac{dS}{dz} \tag{3.15}$$

また，水面と底面における境界条件としては，各々における熱収支を考慮して以下の形で与えられる．

$$\rho_w c_w D_{tV}\frac{\partial T}{\partial z}\bigg|_{z=\eta}=H_w=R_n-H-lE \tag{3.16}$$

$$\rho_g c_g D_{tV}\frac{\partial T}{\partial z}\bigg|_{z=-h}=H_{soil}=-G_{soil} \tag{3.17}$$

ここで，ρ_w, ρ_g：それぞれ水と土の密度，c_w, c_g：それぞれ水と土の比熱である．また，水面では式(3.7)に用いられる熱収支式より，水面から水中への熱輸送量H_wが与えられる．一方，底面では，短波放射が底面に届かない場合には，底面から水中への熱輸送量H_{soil}（上向きを正）と底面からの地中伝導熱G_{soil}（下

向きを正)の和が0となるため，式(3.17)が与えられる．

次に，平面二次元場の熱輸送方程式は，式(2.39a)により，以下のように与えられる．

$$\frac{\partial T}{\partial t}+\frac{\partial (UT)}{\partial x}+\frac{\partial (VT)}{\partial y}=\frac{1}{h}\left\{\frac{\partial}{\partial x}\left(hD_a\frac{\partial T}{\partial x}\right)+\frac{\partial}{\partial y}\left(hD_a\frac{\partial T}{\partial y}\right)\right\}+\frac{H_w+H_{soil}}{\rho_w c_w h}+R \tag{3.18}$$

ここでは，3次元方程式では境界条件として扱われたH_wやH_{soil}が右辺に組み込まれている．また，Rは式(3.14)で表わされる生成項rを水深平均したものである．

さらに，一次元場における熱輸送方程式は，式(2.34a)に基づくと，次式のように表記される．

$$\frac{\partial T}{\partial t}+\bar{U}\frac{\partial T}{\partial x}=\frac{1}{A}\frac{\partial}{\partial x}\left(A\bar{D}_a\frac{\partial T}{\partial x}\right)+\frac{B(H_w+H_{soil})}{\rho_w c_w A}+\bar{R} \tag{3.19}$$

ここで，Bは水面幅，$\bar{R}$は生成項rの断面平均値である．

一方，塩分の輸送方程式は，三次元，平面二次元，一次元場共に，生成項を0としたものとなる．また，水面・底面における塩分輸送は基本的には0なので，境界条件としては，塩分の鉛直勾配は0として与えられる．

3.3.2　河川・沿岸域・湖沼における水温の基本的特徴

(1) 河川と沿岸域の水温

まず，沿岸域と河川の水温を比較するために，東京湾中央付近(水深約20m)における表層と底層，および流入する河川(江戸川・市川橋地点)の水温を比較したものを図3.17に示す．図中には，湾周辺の気温も合わせて図示する．湾内の水温は明瞭な季節変動を示し，冬季に低く夏季に高く，年較差は表層で約17℃，底層で約12℃である．表層と底層の水温差は冬季に見られないものの，夏季に大きくなるが最大でも約4℃であり，後述する"深い湖沼"のように大きな水温差は見られない．さらに，冬季には底層が表層の水温よりも高くなる現象も見られ，これは塩分の違いに起因している．

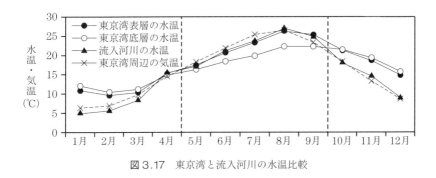

図3.17　東京湾と流入河川の水温比較

これに対して，河川水温は気温と共に変動し，両者はほぼ同じ値である．また，河川と沿岸域の水温及び気温を比べると，夏季の湾表層と河川の水温及び気温の三者はほぼ同じ値であるのに対し，秋季から春季にかけては，湾の水温より河川の水温と気温が低くなる特徴が見られ，熱容量の違いを反映している．

(2) 浅い湖沼と河川の水温

平均水深4.5m程度の浅い湖沼である宍道湖（島根県）において，湖の表層と底層および流入河川の水温を比較したものを図3.18に示す．浅い湖沼では上下混合が起こりやすいため，成層期でも表層と底層の水温差は小さく，1年を通した気温の変化に伴う水温変化となる．また，河川水温も湖内と同様な変化を示し，1月から7月頃までは河川と湖内の水温はほぼ同じ値である．その後，冬季にかけては河川水温が湖内より低くなっている．

(3) 深い湖沼と河川の水温

浅い湖沼に引き続いて，深い湖沼の水温変化を見るために，最大水深約90mの浦山ダム（埼玉県）を例に取り上げる．貯水池の表層，底層と流入河川の水温を比較したものを図3.19に示す．深い湖沼では，底層の水温は年間を通して約5℃で概ね一定となっている．それに対して，表層水温は，循環期である冬（1～3月頃）は底層水温と同じであるが，春から夏にかけて日射の影響を受けて表面から水温が上昇する．さらに循環期の始まる秋からは，水面から水温が低下し，ついには底層と同じ水温となる．また，河川水温も湖表層と同

第3章 ■ 熱・塩分の動態

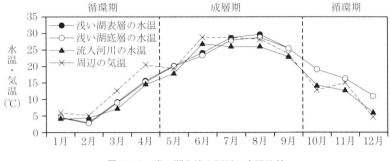

図3.18 浅い湖と流入河川の水温比較

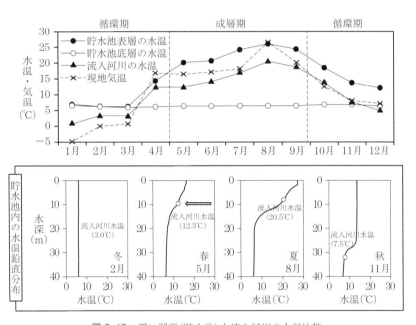

図3.19 深い湖沼（貯水池）と流入河川の水温比較

様な季節変化を示しているが，表層の水温よりは低い値を示している．ここで湖内と河川の水温の関係を詳しくみるために，図3.19の下図に着目する．成層期の河川水温は湖内の表層と底層の間であるため，躍層付近に河川水は貫入することになる．それに対して，循環期の12月から3月頃までは，低い気温の影響を受けて低下した河川水温は湖内の底層水温よりもさらに低くなるた

め, 河川水は底層に流入することになる.

3.3.3 河川における熱環境の変動特性と収支

(1) 河川の熱収支と水温変化に影響を与える要素

河川水温 T の形成に関わる諸要素は, 図3.20に示すように, 河川の水深が浅いために水面と底面での熱のやりとりが重要となり, 特に, 地下水流入に伴う熱輸送を考慮する必要がある. これらを定式化すると, 一次元場の熱輸送方程式(3.19)に基づいて, 支川の流入がない河道区間(流下距離 L_x, 流水断面積 A, 河川幅 B, 潤辺長 P)を対象とする場合, 次式のように与えられる.

$$\frac{\partial T}{\partial t} + \bar{U}\frac{\partial T}{\partial x} = \frac{1}{A}\frac{\partial}{\partial x}\left(A\bar{D}_a\frac{\partial T}{\partial x}\right) + \frac{B}{\rho_w c_w A}(R_T - H - lE)$$
$$+ \frac{P}{\rho_w c_w A}H_{soil} + \frac{Q_g}{AL_x}(T_g - T) \qquad (3.20)$$

$$R_T = (1 - r_s)v_s g_s \times S\downarrow + L_n \qquad (3.21)$$

ここで, T_0:上流からの流入水温, T_g:河床からの流入水温, Q_g:対象区間の河床からの地下水流入量, v_s:河畔林による遮蔽効果, g_s:山地地形による遮蔽効果である. R_T は短波放射 $S\downarrow$ と正味の長波放射 L_n を足した一種の水面正味放射量であり, 式(3.19)における H_w と生成項 $\bar{R}$ として扱われた短波放射吸収

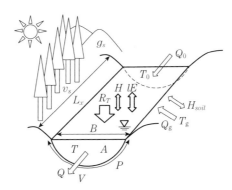

図3.20 河川水温の形成に関わる諸要素

量の項の和に相当している．ただし，河川水中で短波放射量は全て吸収されると仮定し，河畔林と山地地形による日射遮蔽効果 v_s, g_s も考慮している．

式(3.20)の熱収支式において，左辺の第一項は対象区間における貯熱量の時間変化を，第二項は移流による熱輸送をそれぞれ表す．一方，右辺の第一項は区間内での水温の拡散・分散，第二項は水面での熱輸送，第三項は河床と河川水間での熱伝導・対流，第四項は地下水流入に伴う熱輸送をそれぞれ表わす．地下水流入としては，湧水などの基底流出や砂州・高水敷における**伏流水交換** (hyporheic exchange flow) が挙げられる．これら各項のバランスにより河川水温の流下方向変化が規定される．特に，右辺第二項の水面での熱輸送は，湖沼や沿岸域などでも見られるが，次節で紹介するように河川の水温形成を考える上で最も基本的で重要な熱輸送過程となる．

(2) 平衡水温

河川水温を考える上で基準となる概念として，水面を挟んで大気と水とが熱的平衡状態に達したときの水温（**平衡水温**, equilibrium water temperature）T_{eq} がある．この平衡水温は，例えば，上の飲み口を開けた広口魔法瓶（容器が断熱素材）に入っている熱湯や氷水が，図3.21に示すように初期水温に拘らず時間の経過とともに同一温度に接近していく，その水温にあたる．河川水が流下することを考慮すると，図3.21の横軸は経過時間の代わりに移動距離となる．

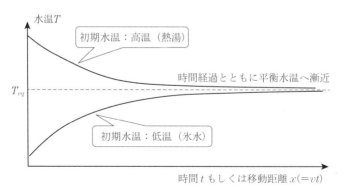

図3.21 平衡水温の概念

平衡水温は，河川の熱収支式(3.20)における水面での熱輸送項(右辺第二項)が卓越するとして，次式から与えられる．

$$R_T = H + lE \tag{3.22}$$

式(3.22)から平衡水温を求める方法の一つとして，顕熱輸送量Hや潜熱輸送量lEにバルク式を利用するものがある．水面における正味放射R_Tや気温T_a，大気中の水蒸気圧e_aは観測値を与えると，式(3.22)中の未知量は求める平衡水温T_{eq}とそれに対応する水面での飽和水蒸気圧$e_{SAT}(T_{eq})$となる．後者を気温とその飽和水蒸気圧を用いた近似式で与えて整理すると，平衡水温T_{eq}は以下の式で与えられる[15]．

$$T_{eq} = T_a + \{(R_T/h_t) - 1.5 E_{SD}\}/(1 + 1.5\Delta) \tag{3.23}$$

ここに，h_t：熱伝達係数(平均として概ね$8\,\mathrm{Wm^{-2}K^{-1}}$)，$E_{SD}$：飽差(気温$T_a$での飽和水蒸気圧$e_{SAT}(T_a)$と大気中の水蒸気圧$e_a$との差)，$\Delta$：気温$T_a$における飽和水蒸気圧の変化率$(de_{SAT}/dT)_{T=T_a}$である．右辺の係数1.5は$0.662\,l/C_p p$ (C_p：空気の定圧比熱，p：大気圧)の標準的な値である(温度をK，圧力をhPaの単位でそれぞれ表している)．

平衡水温は，ある気象条件下で大気と水の熱平衡状態となり，一定値に漸近したときの水温である．そのため，昼夜の日周変化といった短周期で変動する水温を対象とした基準ではない．むしろ，季節変化を考察するときの一ヶ月の平均水温や，天気の変化が反映される半旬(約5日間)の平均水温といったような，比較的長期平均の河川水温の基準として取り扱われる．

(3) 流域圏における河川水温の変動特性

上述した河川熱収支と平衡水温の考え方に基づいて，河川水温の実測データを紹介する．ここでは，瀬戸内海に流入する一級水系・揖保川(兵庫県，流域面積810 km^2，**図3.22**)における観測水温を例にして，流域における河川水温の分布とその変動特性を考察する．なお，ここでの水温計測としては，小型自記式水温計を流域内に合計27地点，2006年5月より長期間継続して設置し，1時間間隔で計測された水温連続データを用いる[16]．

第3章 ■ 熱・塩分の動態

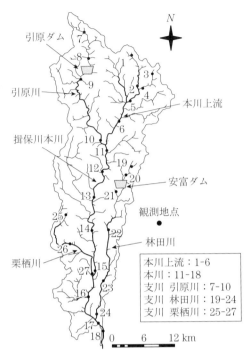

図3.22 揖保川流域の概要と観測地点

図3.23に，夏季（2006年8月）と冬季（2007年2月）における月平均河川水温の縦断分布を示す．図中には，河口付近を対象とした平衡水温も表示している．これより，河川水温の実測値は，源流から河口に向けて，夏季では約10℃，冬季では約5℃それぞれ昇温する．対応する平衡水温は夏季では28.7℃，冬季では2.0℃となっている．したがって，揖保川の河川水温は夏季に平衡水温より低く，冬季には高くなることが分かる．さらに，流下方向の水温変化と平衡水温の関係に着目すると，夏季では，河川水温は源流から河口に向かって平衡水温に漸近している．これは，図3.21に示す状況とほぼ同じであり，河川の熱収支式(3.20)において，水面からの熱輸送（右辺第二項）が夏季の水温形成に支配的であることを示す．一方，冬季の河川水温は，平衡水温との関係からは流下に伴って降温することが期待されるが，逆に昇温して平衡水温と乖離していく．これより，冬季では水面からの熱輸送は支配的ではなく，

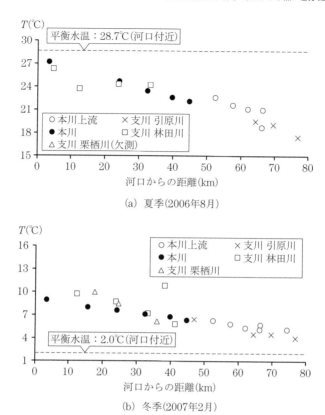

図 3.23　月平均河川水温の縦断分布（揖保川）

他の熱輸送が河川水温の流下方向変化に大きく影響することが示唆される．詳細な数値モデル解析より，3ヶ月程度の遅れ時間を持っている暖かい地下水・湧水の流入（式(3.20)の右辺第四項）が顕著であり，この流入項が冬季の河川水温の形成に大きく寄与していることが示唆される[16]．

　上述の揖保川に見られるように，我が国の河川の一般的な傾向としては，河川水温は春・夏には平衡水温より低く，秋・冬には高くなる[15]．夏の河川水温が平衡水温に達しないのは，河川長が短く平衡状態に至るまでの十分な流下時間が得られないことのほかに，相対的に夏に低温で冬に高温になる地下水・湧水の影響が大きいためである．一方，冬の河川水温が平衡水温より高いのは，

第3章 ■ 熱・塩分の動態

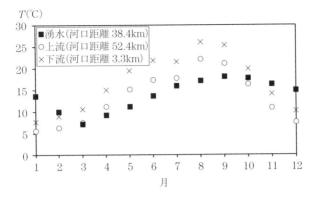

図3.24　月平均河川水温・湧水水温の時系列（揖保川，2008年）

相対的に暖かい地下水・湧水が影響することと，氷点下の気温条件でも水温が氷点下にはならないためである．また，積雪量の多い河川流域では，融雪期には河川水は冷温化する．

　湧水と河川水の水温を比較するために，図3.24に月平均の河川水温と湧水水温の時系列データを示す．河川水温は揖保川本川の上・下流での観測値であり，湧水水温は支川林田川の上流渓流部における観測値である．これより，河川水温は8月に最高値，1月に最低値を記録するのに対して，湧水水温の最高値と最低値はそれぞれ9月，3月に見られ，湧水水温は河川水温に比べて季節変化の位相が1〜2ヶ月程度遅れている．また，河川水温の年較差（＝年間の最高水温と最低水温の差）は上流で約17℃，下流で19℃であるのに対して，湧水水温の年較差は約11℃であり，湧水は河川に比べて水温の季節変動振幅が小さい．上述した揖保川での冬季河川水の高温化は，このような暖かい地下水・湧水が流入することで形成されることが推察されている[16]．なお，地下水・湧水水温とその変動特性は，一般的には不明確な部分が多い[17]．これは，地下水・湧水の水温は河川に到達するまでに通る地下の経路やそこでの地温に依存することが予想されるが，地下経路や地温と関係する地質データが圧倒的に不足しているためである．

　河川水温の時間変動特性を詳細に検討するために，日平均河川水温の時系列変化を図3.25に示す．ここでも揖保川の上・中・下流地点の水温データが抽

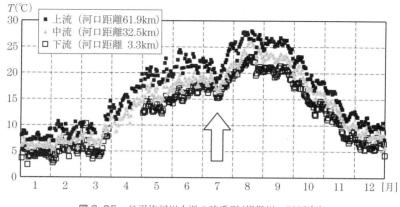

図3.25　日平均河川水温の時系列(揖保川,2007年)

出されている.これより,河川水温の日平均データには,水温の季節変化や上流から下流への昇温といった月平均データで見られる特徴に加えて,より細かな時間変化が見られる.後者は,晴天・曇天・雨天など気象状況の移り変わりによる気温・日射変化の影響や降水による流量変化の影響などが反映されていると思われる.特に,梅雨期や台風来襲時における大雨に伴って,流域全体の水温が急低下する(図中矢印).これは,雨天時における短波放射量の減少や気温低下に伴う水面の熱輸送量の低下,相対的に冷たい降水による表面流出量の増大,流速増加に伴う単位流下距離あたりの受熱量の減少などが影響している.このような気象の移り変わりも水温変動を形成する一つの大きな要因となっている.なお,時系列図が煩雑になるため示さなかったが,昼夜の日射変化が周期的な日変化を形成するのも河川水温の大きな特徴の一つとなっている.

以上より,河川の熱収支と平衡水温の考え方に基づいて河川の水温形成機構の概略を説明した.河川は,そもそも多数の源流から一つの河口へ向けて集積していく水文循環経路であり,起源の異なる表流水・地下水が合流を繰り返して形成されている.そのため,図3.2に示すように,ダムや堰など河道内の社会基盤整備や,森林・水田・市街地など河川流域の土地利用形態の違い,生活・農業・工業排水が河川水温に及ぼす影響も非常に大きい.例えば,市街地を貫流する河川では,下水処理施設などから人工排水が河川に流入し水温形成に大

きく影響しており，冬季に暖かい人工排水が河川水温を上昇させる傾向がある（例えば多摩川[18]）．したがって，流域全体としての熱収支や河川水温の形成過程を把握するためには，これら流域の土地利用や河川整備，人工排水の影響を適切に考慮して水・熱収支解析を行う必要がある．

3.3.4 湖沼における水温・塩分の変動特性と収支

(1) 淡水湖における水温の季節変動特性

淡水湖における水温変動は，3.3.2にて説明したように，気象条件（気温や日射等）の季節変化に伴う成層の形成・発達・解消により特徴づけられており，それには水深の大小が大きく関与する．このことを具体的に見るために，水深約5mの浅い湖と水深約50mの深い湖における季節スケールの水温変動を**図3.26**に示す．ここでは，上記の二つの水深条件の仮想的な湖沼に対して，同一の気象条件下における3次元水温シミュレーションを行った湖内代表地点での結果を表示している．これより，浅い湖では，形成される弱い水温成層は風と共に容易に全層で混合する**混合型**(holomictic)となる．それに対して，深い

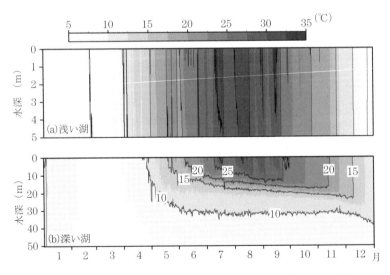

図3.26 浅い湖沼と深い湖沼における水温の季節変化の例（湖の深さ以外の気象条件は同一）

湖では，春季から水温成層が形成され，7〜8月にかけてその水温成層が発達・安定化し，秋季後半から冬季にかけて解消する，という**一季成層型**（monomictic）となっている．なお，温帯域では，夏季の水温成層が解消された後，冬季に深水層が密度最大となる約4℃となり，表水層では水温がより低くなる（時には水面が氷結する）逆転した水温成層が形成され，春先に再びこの成層も破壊される，という**二季成層型**（dimictic）を示す湖沼もある．さらに，汽水湖では，塩分成層も伴う強い成層が年間を通して維持され，全層循環を生じない**全季成層型**（meromictic）の湖沼もある．このような湖沼の成層状態は，湖内の水の交換速度に応じて特徴づけられる．湖内の水交換速度としては，一般に，湖内の容量を年間流入量（もしくは流出量）で除した滞留時間（あるいはその逆数の年回転率，すなわち1年に平均して何回水が入れ替わるか）を指標としている（6.2.1参照）．湖沼の場合には，滞留時間が1年を超えるものも多いが，**潟湖**（lagoon）や沼では滞留時間が1ヶ月以下のものも多く見られる．

湖における熱収支特性を図3.27に示す．ここでは，前述の浅い湖と深い湖を対象として得られた解析結果に基づいて，水面における顕熱輸送量 H，潜熱

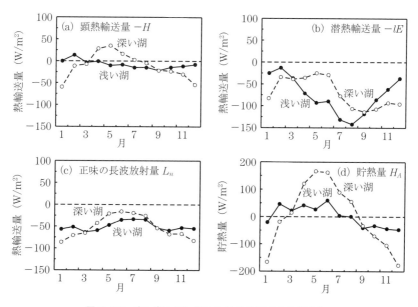

図3.27　浅い湖と深い湖における熱収支の季節変化

輸送量lE，正味の長波放射量$L_n(=L\downarrow-L\uparrow)$，及び水中における貯熱変化量$H_A$に関する月平均値を表示している．なお，湖水の受熱側がプラスとなるように，顕熱・潜熱輸送量の符号を変えていることに注意されたい．浅い湖では，顕熱輸送量Hの絶対値は概ね小さく，これは気温に対する水温の応答性が高いためである．一方，深い湖では，顕熱輸送量Hは浅い湖の値より大きく，夏季に受熱，冬季に放熱となっている．潜熱輸送量lEは，浅い湖では水温の増減に伴い3月から増加し，9月以降に減少している．これに対して，深い湖における潜熱輸送量lEは，水温成層が十分発達する7月以降に大きく増加するとともに，冬季においても大きな輸送量となっている．正味の長波放射量L_nは，どちらの湖も放熱に働き，夏季にその絶対値は小さく，冬季に増加する傾向にある．これら3つから得られる水中への熱輸送量H_w（式(3.7)）と正味の短波放射量$S_n(=S\downarrow-S\uparrow)$の総和として表される貯熱量$H_A$は，浅い湖では2〜6月に，深い湖では3〜8月にかけて受熱期となり，それ以外が放熱期となっている．また，深い湖の方が熱容量の違いを反映して貯熱しやすいことも見てとれる．さらに，100 W/m^{2}で3.53 mm/日に相当する潜熱輸送量lEを蒸発量に換算すると，浅い湖，深い湖はそれぞれ1年間に91 cm，98 cmの蒸発量となり，多量の水が蒸発によって失われることが分かる．

(2) 淡水湖における水温の日変動特性

　季節変動よりも細かい時間スケールの水温変化として，深い湖における水温の日変化の概念図を**図3.28**に示す．季節スケールで形成される水温成層（季節成層）の表水層の中に，日スケールの水温成層が形成される．具体的には，夏季において，午前に日射が大きくなるとともに表層1 m程度の水温が暖められ弱い水温成層が形成され，午後の発達した風と日射の減少のために，その温められた水塊が少し深くまで混合する日スケールで形成される混合層（これを**日成層**（diurnal stratification）と呼ぶ）が発達する．

　このような日成層の形成要因となる水面における熱収支の日変化の例を**図3.29**に示す．これは深い湖の例として先に示した数値シミュレーション結果から推定された値である．これより，正味の短波放射量S_nは日射とともに増加し正午頃に最大値を示す．また，潜熱輸送量lEは放熱作用となるので湖水

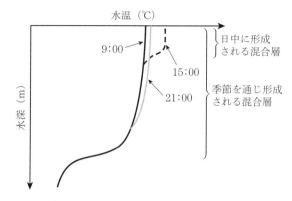

図3.28 深い湖における日スケールの水温変化の例(表水層付近を拡大)

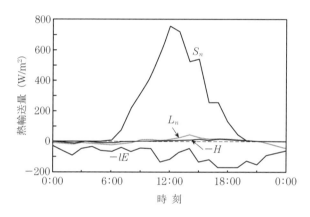

図3.29 深い湖における熱収支の日変化の例

にとっては一日中負となっている．また，正味の長波放射量L_nと顕熱輸送量Hの絶対値は，上記二つよりも小さく，短波放射量S_nと潜熱輸送量lEにより水温の日成層が支配されていることが分かる．また，夜間では，上向き長波放射量$L\uparrow$と潜熱輸送量lEにより，水面から水温が低下することとなる．潜熱輸送量lEについては，午後は気温の上昇とともに風速も大きくなることが多いため，湿度の低下との相乗効果により，午後の方が潜熱輸送量lEが大きくなる．

(3) 汽水湖における水温・塩分変動特性

汽水湖は，海水と淡水の流入量の変化と湖沼内での混合の影響を受けるため，

時間的・空間的（鉛直・水平方向）に大きな塩分の変動があるという一般的な特徴がある．そのため，汽水湖における水温変動特性は基本的に淡水湖と同様な傾向を示すものの，塩分の影響を受けた特徴を有する．ここでは，汽水湖における水温・塩分の季節変化の具体例として，浅い汽水湖である宍道湖（平均水深約 4.5 m，最大水深約 6.4 m）とより深い汽水湖である小川原湖（平均水深約 11 m，最大水深約 26 m）を取り上げる．宍道湖は世界でも珍しい連結系汽水湖であり，大橋川を通じてもう一方の汽水湖である中海と繋がり，最終的には日本海に流入している．一方，小川原湖は，高瀬川を通じて太平洋につながっている．どちらの湖沼も，かつて海であったところが砂州の発達などにより海と切り離されて独立して湖沼となった海跡湖あるいは潟湖と呼ばれるものである．これら2つの湖沼における水温と塩分の季節変化を図3.30に示す．

相対的に水深が浅い宍道湖では，強風による全層の混合が頻繁に起こるため，表層と底層の水温差はあまり見られず，夏季に高く冬季に低い水温の季節変化を示す．一方，塩分に関しては，水温と異なり，表層・底層間の差が明確であり，平均的には春季から秋季にかけて増加する季節変化が見られる．塩分に関する大きな特徴は，底層において極めて大きな塩分変動が生じていることである．これは，主に連結された中海からの海水流入に伴うものであり，淡水よりも密度が大きい海水は底層密度流として宍道湖に侵入する．そのため，表層の塩分は底層ほど大きな変動を示さないが，出水時の淡水流入による低下や，吹送流に伴う塩淡境界面での海水連行や強風時の底層塩分の混合による上昇が見られ

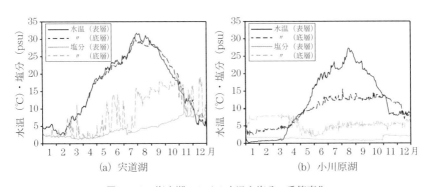

図 3.30　汽水湖における水温と塩分の季節変化

る．また，冬季では，気温の低下に伴い気圧が上昇することにより外海潮位は低下するため，宍道湖への海水流入頻度は減少し，降水に伴う淡水流入の影響もあるため徐々に表層・底層の塩分は低下する．

一方，相対的に水深が深い小川原湖では，夏季の水温は表層で25℃以上に達するが，底層では約14℃までしか上昇せず，強い水温成層が形成されている．また，冬季では，表層よりも底層の水温が大きくなり，水温の大小関係が逆転している．塩分に関しては，底層では海水の流入に伴い2.0～8.4 psuの範囲で季節的な大きな変動がみられるのに対して，表層では0.7～2.5 psuと変動範囲は小さく変化も緩やかである．このように小川原湖は全期成層型といえる．小川原湖における観測結果より，夏季の水温躍層は水深10 m付近にできるのに対して，塩分躍層は水深20 m付近にできており，三層の密度構造が形成されている．そのため，最下層の高塩分水は強風でもほぼ混合されない．これに対して冬季では，10月には水温躍層がほぼ解消されるため，塩分躍層が主体的な密度の二層構造となっている．この状態では，強風に伴う鉛直混合により塩分躍層付近の塩分が表層に連行され，表層水とともに湖外に流出され易くなる[19]．

(4) 水温・塩分変化に与える諸要素のまとめ

湖沼における水温・塩分の変化に与える諸要素をまとめた模式図を図3.31に示す．ここでは，外力として日射，風，気圧，降水を取り上げる．

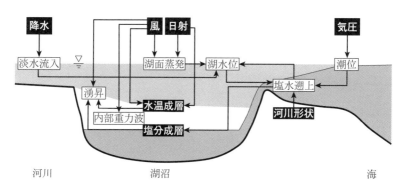

図3.31　湖沼における水温・塩分変化に与える諸要素

湖沼では，日射量の季節変化が湖内の水温鉛直分布を特徴づける．夏季では強い日射が表層水温の上昇をもたらし，風による混合作用や出水の影響で，暖かい表層水の混合が徐々に湖底に向かって進み，有光層程度まで高水温の混合層となる水温成層を形成する．この時，水温躍層が形成される水深は，光の消散係数(3.2.1(4)参照)にも支配される．また，強い日射は風の影響とともに，湖面から水を蒸発させ湖の水量を減少させる．

　風は水温成層の形成・解消や湖面蒸発に影響を与えるとともに，強風時の沿岸域では底層に存在する水塊の湧昇が発生する．この場合，表層における急激な水温低下や塩分上昇，場合によっては溶存酸素量の低下，青潮の発生などが見られる[20]．さらに，強風が収まった後には3.2.5(4)で説明した内部セイシュのような内部重力波が発生する．

　低気圧や台風等に伴う気圧の低下は，潮位の上昇をもたらし，塩水遡上により湖に多量の海水が短期間で侵入する．この海水流入量は，湖水位や海水が遡上する河川の形状も影響を与える．また，この場合，強固な密度成層である塩分成層を形成し，数ヶ月から年単位で躍層を維持することがある．さらに，降水に伴う淡水流入は湖水位の上昇だけでなく，塩分の低下とともに成層を破壊することもある．

3.3.5　沿岸域における水温・塩分変動特性

　沿岸域は，外洋と陸域のバッファー的な水域(境界層)と見なされるため，両者からの影響が変動することによって水温・塩分分布は時間的・空間的に変化している．その一例として，東京湾の湾奥部から湾口部の縦断面(図3.32)における水温・塩分・密度の鉛直分布を図3.33に示す．ここでは，夏季(2013年8月)と冬季(2013年1月)の結果が表示されている[21]．

　まず，夏季では，表層が高温・低塩分，底層が低温・高塩分となる水温・塩分成層が形成され，その水温・塩分躍層の深さは10m前後となっている．この躍層深さの決定要因の一つとして，水中における光の吸収に大きな影響を与える水中の透明度が挙げられ，富栄養化が進んだ透明度が低い水域とサンゴ礁海域のような透明度が高い水域では日射吸収量が異なり，結果として水温成層に違いが生じる．また，このような安定成層が形成されると，鉛直方向の混合

3.3 ■ 流域圏及び各水域における熱・塩分動態の特徴

図3.32　東京湾及び縦断面位置（点線）

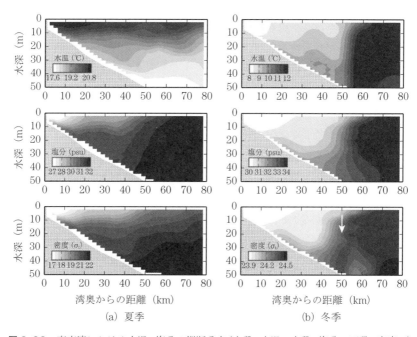

(a) 夏季　　　　　　　　　　　　　(b) 冬季

図3.33　東京湾における水温・塩分の縦断分布（上段：水温，中段：塩分，下段：密度σ_t）

が抑制され，底層の貧酸素化が進みやすくなる．さらに，夏季の縦断分布特性としては，大河川が流入する湾奥部では高温・低塩分となっているのに対して，外海と接する湾口側では相対的に低温・高塩分となっている．

一方，冬季では，夏季のような強固な水温・塩分成層は形成されておらず，水温や塩分の等値線が鉛直方向に立った分布となっている部分が多い．これは，気象の影響で水面が冷却され，自然対流に伴う鉛直循環が生じるためである．また，湾口から流入する外洋水が高温であるため，湾口側で高温・高塩分となっている．湾奥側では，相対的に低温の河川水の影響を受けて，低温・低塩分となっている．そのため，河川水と外洋水が混ざり合う所（図中矢印）で密度最大となるキャベリング現象（3.2.5 (3) 参照）が生じており，そこで最も鉛直混合が進んでいることが分かる．

このように沿岸域の水温・塩分環境の特徴としては，河川水と外洋水の影響が挙げられる．淡水である河川水は低温となる冬季でも海水よりも比重が小さいため，表層密度流となって沿岸域に流出する．一方，外洋水は，一般には沿岸水と比べて高塩分であるため，外洋水は底層から貫入するものと考えられる．ただし，外洋水と沿岸水の密度バランス，すなわち水温や塩分の大小関係により，外洋水の貫入状況は異なる．図3.34（左図）は，冬季にたびたび見られる，東京湾湾口部における表層水温分布を示す（1998年3月3日）．このように，湾口部では，高温の外洋水が湾内に侵入しており，明確な水温フロントが形成されている．また，この外洋水は，千葉県側に沿って湾内に侵入しており，外洋水の波及状況が三次元性の強い現象であることが示唆される．このときの外洋域における水温分布としては，図3.34（右図）に示すように，本州南岸を流れる黒潮から分離した暖かい水塊が東京湾方面へ波及している様子が分かる．このような海流の流路変動等に起因して外洋水の沿岸域への波及状況が変化し，結果として，沿岸域の物理構造（水温・塩分特性）が影響される．

3.4　熱・塩分収支算定上の問題点

河川，湖沼，河口・沿岸域において，熱・塩分収支の算定を行う基本は，淡

3.4 ■ 熱・塩分収支算定上の問題点

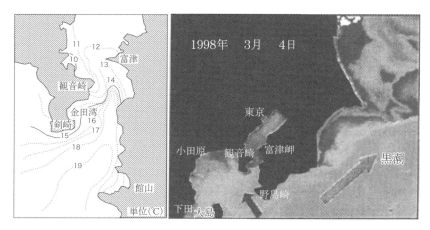

図3.34 黒潮系暖水波及時における湾口部の表層水温分布（1998年3月3日，左）と外洋水の表層水温分布（右）（日向ら[22]のデータを加筆修正）

水および海水の出入り（流入・流出量）を正しく把握することである．河川においては流量の観測データが整備されている地点も多い．しかしながら，この流量は，水位から流量を換算する水位-流量曲線（H-Q 曲線）を用いて変換される．H-Q 曲線は当該箇所における低水時・出水時流量観測に基づいて作成されるが，大きな出水時には河川断面形が大きく変わることがあり，結果として適用する H-Q 式に問題が生じることがある．さらに，堰上流や支川あるいは河口付近では，堰水位や本川や潮位の背水（バックウォーター）の影響を受けることがあるため，水位からだけでは正確な流量を推定することができない．また，感潮域においては海水遡上が生じるため，流量の推定がさらに困難となる．そのため，通常観測されている河口近くの河川流量は感潮域を避けた区間で観測されており，河口・沿岸海域に流入する河川流量を正確に見積もるのは難しい．二瓶ら[23]は，感潮域において水平設置型超音波ドップラー流速分布計（Horizontal Acoustic Doppler Current Profiler, H-ADCP）と河川流シミュレーション技術を組み合わせた流量推定を行っており，このような高度な技術が必要となる．また，各水域で湧水が存在する場合には，水温や塩分（電気伝導度）に周辺から大きな変化が見られることがあり，その場所を特定することはできるが，その湧水量を計測することは容易でない．

次に水温の変化をもたらす熱収支を考える上では，3.2.2 で示したように，

短波放射(日射),長波放射,顕熱輸送量,潜熱輸送量を計測する必要がある.日射は気象台のデータの利用あるいは自前でセンサーによる計測が容易に行える.長波放射になるとセンサーの所有率も下がるため,モデル式による推定を行うことも多い.日射に比べると小さい値であるが,用いる推定式により数 $10\,\text{W/m}^2$ の違いが生じるため,推定式の精度について注意を払うべきである.また,顕熱輸送量,潜熱輸送量も一般に気温や風速などを用いたモデル式による推定を行うので,同様に推定式の精度に注意を要する.特に,気温,風速については指定高度における値を用いる必要があり,指定高度と異なる高さの観測値を用いる時には予め補正する必要がある.湖沼や沿岸海域の水温予測に用いる風速は,近隣の陸上観測点の値を使用することが多いが,周辺地形による風況の違いや,水面と地表面における粗度の違いから起こる風速変化をどう補正するかなど課題も多い.また,ダム貯水池における風速の観測は,貯水池の水面上ではなくダム管理事務所建物に取り付けられていることが一般的であり,風速とともに風向も水面上のものと異なっている可能性がある.また,河川や浅い湖沼において,河床や湖底との熱の交換が無視できない場合がある.やはりこの直接的な測定は難しく,底面での熱交換モデルで推定することになる.これを無視して水温シミュレーションを行うと,湖沼では冬季に低すぎる水温を予測することになる.

　塩分の収支は,汽水湖における海水流入という観点から重要となる.これは塩分の収支が,単に塩分の変化だけでなく,水温や栄養塩濃度,溶存酸素量の水質分布に大きな影響を与え,その結果として生態系にも影響を与えるからである.ただし,海水流入時の塩分・流速の横断分布を直接的に計測するには多大な労力を伴う.

　以上,熱・塩分の収支算定上の問題点を述べたが,上記以外にも長期にわたる将来予測を行うときには,地球温暖化の影響をどう見積もるかが最大の問題点となる.将来予測に用いられる**全球気候モデル**(Global Climate Model, GCM) は世界各地に30以上存在するとともに,計算条件であるシナリオも複数存在する.したがって,使用するモデルあるいはシナリオにより,予測結果が大きく異なるため,どの予測情報に基づいて長期の水温・塩分の変化を予測するかを十分検討しなくてはならない.また,GCMは日々進歩しているため,

できるだけ信頼度の高いモデルの予測結果を使用する必要がある．

演 習 問 題

(1)【熱収支に関する問題】

　水表面積6 km^2，平均水深5 mの浅い湖で，ある日の11時から12時の間に平均水温が25℃から25.1℃に0.1℃上昇した．この間の平均的な気象データは，気温28℃，湿度60％，気圧1010 hPa，風速3 m/s，雲量4(10分比)，日射800 W/m^{2}であった．この間の湖の熱収支を求めよ．

(2)【密度と内部セイシュに関する問題】

　長さ8 km，幅0.4 km，水深50 mの細長い直方体の湖が2層に水温成層している状況を考える．上層は厚さが8 mで水温が20℃，そして下層水温が8℃の場合に，この湖で発生する内部セイシュをすべて挙げ，その周期を計算しなさい（column 3.3参照）．

(3)【平衡水温に関する問題】

　式(3.22)にバルク式を適用して平衡水温を推定する式(3.23)を誘導しなさい．

第4章 土砂・懸濁物質の動態

4.1 流域圏における土砂・懸濁物質の特徴と諸問題

4.1.1 土砂の分類と輸送の基本的特徴

土砂の分類は，土質工学的には，礫(gravel)，砂(sand)，シルト(silt)，粘土(clay)という区分である(図4.1)．一方，水工学的には土砂の水中の運動形態の分類があり，掃流砂(bed load)，浮遊砂(suspended load)，ウォッシュロード(wash load)に区分される．これは，粒径の大小ではなくて土砂の物理特性と運動特性によって区分されている．

流砂(transported sediment)とは，河川において流水により輸送される土砂の総称であり，図4.2に示すように，ベッドマテリアルロード(bed material load)とウォッシュロードに分けられる[1]．ベッドマテリアルロードは，掃流砂と浮遊砂のことであり，河床や湖底，海底の土砂と交換しながら輸送される流砂である．掃流砂は，底面近くで滑動(sliding)，転動(rolling)，小跳躍(saltation)しながら輸送される流砂であり，浮遊砂は，流れの乱れ作用により，水面近くまで拡散しながら輸送される流砂である．ウォッシュロードは，河床材料(bed material)とは交換せずに発生源から海域や停滞水域(湖沼など)まで

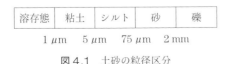

図4.1 土砂の粒径区分

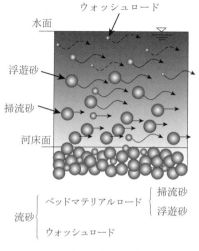

図4.2　流砂形態

輸送される流砂のことである．

　日本の河川は，河床材料の粒径が大きいため，多くの土砂が掃流砂として輸送される．そのため，実務レベルでは掃流砂のみを対象とした解析がよく行われていた．しかし，河川の下流域や植生域，湖沼などでは，多くの浮遊砂・ウォッシュロードが堆積し，これらを考慮した解析も近年増えている．一方，東南アジア諸国を流れるメコン河の下流域のような緩勾配の低平地河川では，河床材料の粒径が細かく，土砂の多くが浮遊砂・ウォッシュロードとして輸送されており，流砂量の算定には，浮遊砂・ウォッシュロードの考慮が不可欠である．なお，これらの流砂形態の分類は，流砂量の算定を容易に実施するために便宜的に導入されたものであり，各流砂形態の定義や区分の境界などが力学的に決定されているわけではない．また，一つの土粒子に着目すると，流れの状態によってはその土粒子が掃流砂として運ばれたり，浮遊砂として運ばれたりするため注意が必要である．さらに，山地域においては**土石流**(debris flow) という形態で輸送される流砂が存在する．山地域で発生する土石流は，数mmから数m程度の非常に広い粒度分布を有する土砂を含む高濃度の流砂である．土石流の流砂メカニズムは，掃流砂と同様であることが知られているが[2]，異なるアプローチでそれぞれの流砂メカニズムがこれまで研究されてきたため，現

在では異なる式で流砂量の予測が行われている．

　流れの緩やかな，あるいはほとんど停滞している水域では，前述の流砂に加えて水中に浮遊されたまま移動する**懸濁物質**（全般的にはsuspended particulate matter，土砂を中心的に扱う場合はsuspended sediment）の運動も重要になる．懸濁物質の特徴は，粒径，付着物質，運動特性などの面から説明される．懸濁物質として分類される粒径は概ね100μm(0.1 mm)以下であり，シルト(5～74μm以下)や粘土(5μm以下)が主な対象となる．また，分析上の目安として粒子保持径が0.4～1μmの濾紙に残留したものは粒子性物質として，通過したものは溶存性物質として扱われる．粒子が水中に保持される時間は基本的には水中自重と抗力を考慮した沈降速度式で検討される．ただし，数μmの微細な粒子は乱流の影響を受けやすい．例えば，**貯水池**(reservoir)などでは沈降速度式から予測される滞留期間よりも長い期間，微細粒子が水中を漂っている．

　粒子は小さくなるほど**比表面積**（単位体積あたりの表面積；specific surface area）が大きくなり，表面に有機物や栄養塩を吸着しやすくなる（図4.3）．ベッドマテリアルロードの輸送に関しては流砂量の評価が重要だが，ウォッシュロードとしては流砂量のみならず，鉱物粒子と共に輸送される多量の有機物・栄養塩の輸送も重要になる．河口域では河川水と海水が接触・混合し，有機態懸濁物が凝集して**フロック**(floc)を形成しやすい．これは塩分が粒子表面の電荷を中和して粒子相互の接触を促進させること，植物プランクトンなどが生み出す細胞外ポリマー（EPS, Extracellular Polymeric Substances）が接着剤の役割を果たすことが原因と考えられている．フロックを構成する単体粒子は粘土のサイズであるが，フロック径は0.1～1 mmに発達する．フロックは同じ粒径の単体鉱物よりは軽いものの，微細な粒子や有機物が集合することで質量

 粒径が小さくなるほど比表面積が大きくなる

図4.3　粒径による比表面積の違い

が増加して沈降しやすくなる．フロックに関しては前述の粒径定義からは外れるが，微細粒子が集合して形成された懸濁物質と見なせる．

これらの懸濁物質が河川の高水敷や河口域，湖沼・貯水池に堆積すると，**粘着性土**（cohesive material）を形成する．粘着性土はそれを構成する単体粒子が水底に置かれた場合よりもはるかに浸食されにくくなっており，砂や礫のような**非粘着性土**（non-cohesive material）のみの土砂の浸食とは取り扱いが異なる．

column 4.1

「掃流砂・浮遊砂・ウォッシュロード？？」

4.1.1で紹介したように，土砂が河川を流れる形態は，掃流力の小さい水理条件では，掃流砂・浮遊砂・ウォッシュロードに区分されている．さらに，掃流力の大きい水理条件では，土石流や泥流と呼ばれる土砂の輸送形態がある．掃流砂と浮遊砂はベッドマテリアルロードと呼ばれ，河床材料と交換しながら輸送される土砂とされている．一方，ウォッシュロードは，河床材料と交換せずに土砂生産場から河口へ輸送される土砂であり，粒径0.2 mm以下程度の土砂とされている．これらの定義は，流砂量を概算する上では非常に便利であるため，流砂理論の黎明期に導入された．一方，現在の河川整備ではこれらの流砂形態の定義では対応できないようなレベルの流砂量や河床変動の予測が期待されている．例えば，ウォッシュロードは「河床材料と交換せずに」と定義されているが，0.2 mm以下の土砂であっても植生域や止水域では河床に堆積し，植生の破壊などで流水によって再度輸送される．これらの問題が発生するのは，流砂を力学的に取り扱う統一的な理論が十分に構築されていないためであり，今後の流砂理論の研究の進展によって流砂形態の定義は変わっていくものである．そのため，これらの定義に縛られずに現象を適切に表現する流砂の取り扱いを行うことが重要である．

4.1.2 流域圏の土砂・懸濁物質に関する諸問題

　流域圏の土砂・懸濁物質動態に関わる諸問題を河川上流から見てゆく（図4.4）．山地流域では表面浸食，斜面崩壊，土石流などがある．浸食は土壌表面が降雨時に削られる現象であり，崩壊や土石流は突発的に地層が深さ数十cmから数十mにわたって崩れるものである．これらの土砂は渓流を下ってダム貯水池に運ばれ，粒径の大きなものは上流域に堆積して堆砂デルタを形成し，貯水容量を低下させる．微細な土砂はなかなか沈降せず，貯水池の水や放流水が数ヶ月にわたって白濁化する濁水長期化現象を引き起こす．

　河川では洪水時に河床材料が移動し，土砂収支のバランスによって**浸食**(erosion)・**堆積**(deposition)が生じるとともに，**蛇行**(meander)・**砂州**(bar)といった地形を形成する．河床が浸食されると堤防・護岸や橋脚の基礎の周辺の河床が低下し，構造物の安定性が損なわれる．一方，河道内に土砂が堆積すると，断面積が減少して洪水疎通能力が低下する．河川事業による影響として，砂防ダムや貯水ダムで砂礫が捕捉されて下流への土砂供給量が減少する場合があり，河床低下や河床材料の粗粒化を引き起こしている．砂利採取はかつて深刻な河床低下を引き起こしたため，原則として禁止されている河川が多い．自然な土砂供給量を大幅に上回る量が採取された場合は，砂利採取終了から数十年を経た現在においてもその影響が残っている．**河口域**もしくは**感潮河道**(river estuary)では潮汐によって河道内を塩水が遡上し，その先端付近で**高濁度水塊**(turbidity maximum)が発生する．水質的に問題の無い日本の河川は，

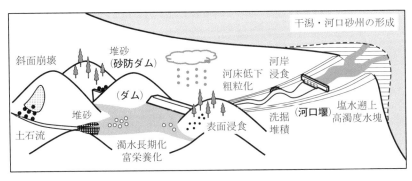

図4.4　流域圏の土砂に関する諸問題

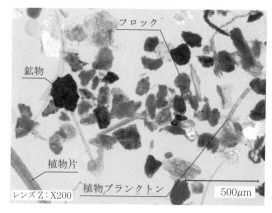

図4.5 懸濁物質の顕微鏡写真（筑後川感潮河道で採取した濁水の0.1 mm ふるい残留物）

平水時にはあまり濁っていないのが普通だが，潮位変動の大きい強混合・緩混合型の感潮河道では，濁りが日々発生している．これは塩水遡上と共に底泥の巻き上げ，フロック化，沈降が生じているからである．フロック径は0.1〜1 mm に発達し，微細な粒子や有機物が集合することで質量が増加して沈降しやすくなるため，河口域では満潮や干潮といった流れが停止するわずかな時間帯に懸濁物質が河床に沈積する（図4.5）．

沿岸海域では河川からの供給土砂と沿岸漂砂などの河川と海の影響によって，浜が前進・後退し，河口砂州や干潟の地形が変化する．流域での土砂生産や河道での土砂移動は長期的には河口域の地形に影響を及ぼすので，流域圏全体で河口域の地形変化の要因を考える必要がある．微細な土砂（シルト・粘土）は有機物や栄養塩を多く含む運搬物質（キャリア）となると共に，生物の重要な餌となる[3]．一方で，物質循環や水の流れの関係によっては湖沼や河口域，内湾で富栄養化を引き起こし，海底の浚渫窪地や河口堰周辺で貧酸素水塊を生み出す原因にもなる．

4.2 土砂及び懸濁物質の輸送特性と地形

4.2.1 流域

　土砂の生産様式としては，(a) **マスムーブメント** (mass movement)，(b) 流水による表面浸食，(c) **風化** (weathering) 等が挙げられる．ここでマスムーブメントと呼んでいる現象は，**斜面崩壊** (slope failure)，**地すべり** (landslide)，土石流，**泥流** (mud flow)，**落石** (rock fall) 等の現象である．これらの現象は，同時に発生したり，明確に区別することが難しい場合があるとともに，土砂生産現象なのか土砂輸送現象なのかも現象を捉える視点によって異なる．これらの区分は現象を理解しやすいようになされているものであり，力学的に明確に判別されているものではないことに注意されたい．以下では斜面崩壊と地すべりについて紹介する．

(1) 斜面崩壊[4]

　斜面崩壊とは，何らかの原因によって山地斜面や人工斜面の一部分が安定性を失い，土砂が比較的速い速度で斜面下方へ移動するものである．表4.1に斜面崩壊と地すべりの違いをまとめている．斜面崩壊も地すべりも山地斜面や傾斜地などが崩れる現象であるが，斜面崩壊は豪雨時に比較的急斜面で発生することが多く，土砂の移動速度が速い．2012年九州北部豪雨時に熊本県阿蘇地域で発生した斜面崩壊（2012年7月）の様子を図4.6に示す．このように，斜面崩壊による土砂の生産量は非常に大きく，日本の流域では土砂生産の多くを占めている．

　斜面崩壊の種類は，**表層崩壊** (surface failure) や**深層崩壊** (deep seated landslide) 等がある．表層崩壊と深層崩壊の違いを表4.2に示す．先に示した

表4.1　斜面崩壊と地すべりの違い

	斜面崩壊	地すべり
地形	(比較的)急斜面で発生する	(比較的)緩斜面で発生する
移動速度	(比較的)速い	(比較的)遅い
誘因	豪雨など	地下水など

図4.6　2012年7月に阿蘇で発生した表層崩壊[5]

表4.2　表層崩壊と深層崩壊の違い(深層崩壊に関する基本事項に係わる検討委員会報告・提言[6]を一部修正)

	表層崩壊	深層崩壊
地質	因果関係が少ない	地質や地質構造(層理, 褶曲, 断層等)との関連が大きい
前兆	ほとんどない	観察される場合がある. 非火山地域では, クリープ, 多重山陵, クラック, 末端小崩壊, はらみだし, 地下水位変動など
崩壊深さ	浅い	深い
すべり面の位置	表層土	基岩
植生	崩壊が抑止される場合がある	影響をほとんど受けない
規模	(比較的)小さい	(比較的)大きい

図4.6は, 表層崩壊である. また, 図4.7に2011年9月に奈良県十津川で発生した深層崩壊の様子を示す. 表層崩壊と深層崩壊の最も大きな違いはすべり面の深さである. 表層崩壊では, 斜面表層部の浅い位置にすべり面が形成されるが, 深層崩壊ではすべり面が深い位置にあり, 基岩内ですべりが発生する. 表層崩壊における移動土塊は, 表層の風化土である場合が多く, どのような地質でも発生する. 一方, 深層崩壊における移動土塊・岩塊は, 基岩を含んで移

図 4.7 2011 年 9 月に奈良県十津川で発生した深層崩壊

動する場合が多く，特定の地質の地域で多く発生する．特に我が国では，四万十帯などの付加体での発生頻度が高い．すべり面の深さが異なるため，表層崩壊では表層に樹木がある場合は，樹木の根系によって崩壊抑止効果を発揮する場合がある．一方，深層崩壊ではすべり面まで樹木の根系が達することはないので根系による崩壊抑止効果は期待できない．すべり面の深さの大小は，崩壊の規模にも影響するため，表層崩壊に比べて深層崩壊の崩壊土砂量は大きくなる．

(2) 地すべり[4)]

地すべりにおける移動土塊・岩塊の動きは継続的あるいは断続的で移動速度は小さく，土塊・岩塊は移動中にあまり撹乱を受けない．このため，地すべり地は特有の地すべり地形を示す場合が多い．地すべりは，豪雨が誘因となって発生することは少ないため，河川に対する土砂供給の役割を果たすのは，河川近傍で発生する場合に限定される．なお，斜面崩壊や地すべりは，地震によっ

ても発生し，河道の近くで発生した場合は，河道への土砂供給源となる．

4.2.2 河川

　世界には無数の河川があり，一つとして同じ姿をした河川はない．しかし，そのように異なる様相を呈する河川の形状にもいくつかの代表的な形が存在し，それらを**流路形態**(channel configuration)や**河床形態**(bed configuration)と呼ぶ．流路形態や河床形態の違いは，動植物の生息・生育場の物理環境に大きく影響を与えるため，これらの地形特性を理解することは重要である．

　流路形態は，河川の流路幅の数十倍スケールで河川の形を見たときの呼び名であり，**蛇行流路**(meandering channel)，**網状流路**(braided channel)，**直線流路**(straight channel)がある．直線流路は，沖積地に自然状態で形成されるものは少なく，**湿地**(wetland)等の**泥炭地**(peat)に形成されたり，両側岸から基岩が露出した谷底の河川，治水を目的として人工的に直線化された河川などに限られる．蛇行流路は，図4.8(a)に示すように，流路に対して比較的幅の広い**氾濫原**(flood plain)を有する沖積地で，氾濫原に植生がよく繁茂するところに形成されやすい．また，隆起が発生した山地域において，浸食が卓越した状態で形成される**穿入蛇行**(incised meander)も蛇行流路の一つである．さらに，河口域において河川の潮汐流によって形成される**潮汐蛇行**(tidal

(a) 蛇行流路

(b) 網状流路

図4.8　蛇行流路(カナダ・アサバスカ川支川)と網状流路(斐伊川[7])

meandering)も蛇行流路の一つである．一方，網状流路は，図4.8(b)に示すように，比較的狭い氾濫原幅（流路幅ではない．図4.9参照）を有する沖積地で，氾濫原内の植生があまり繁茂していない場合が多い．日本の多くの河川は，堤防によって挟まれた堤外地内を洪水が流れるように整備されているため，現在の実質的な氾濫原幅は，堤防間幅といえる．また，洪水流を速やかに海へ流すため，河川の堤防線形は直線的に建設されている場合が多い．そのため，我々が身近に見る河道地形（河床地形）は，堤防間幅・水深比の小さい順に，**平坦** (flat)，**交互砂州** (alternate bar)，網状流路となる事が多い[9]．これらの内，平坦と交互砂州は，一般に河床形態と呼ばれる．平坦河床は，河床面がほぼ平坦な状態であり，**川幅・水深比** (aspect ratio)が小さい河川で見られる．交互砂州は，図4.10(a)に示すような河床の形状であり，右岸と左岸に交互に砂州が形成された河床形態であり，砂州上の流れは緩やかに蛇行する．さらに，図4.10(b)のように，交互砂州が横断方向に二列以上並んだような河床形状も形成される．このような河床形態を複列砂州，または多列砂州と呼ぶ．複列砂州や多列砂州は安定的には存在しにくく，時間とともに網状流路に移行することが多い[9]．一方，堤防もしくは低水路の線形が湾曲している場合は，水面付近で外岸向き，河床近傍で内岸向きの**螺旋流** (spiral flow)が形成されるため，湾曲内岸に砂州が形成される（図4.11）．そのため，湾曲部では，上記の平坦，交互砂州，網状流路の河床・流路形態に**湾曲内岸砂州** (point bar)が重ね合わされた地形となる．

図4.9　氾濫原と堤外地及び堤内地（吉野川[8]）

これらの河床形態のうち，交互砂州や複列・多列砂州は，時間とともに砂州が下流に移動するため，移動砂州と呼ばれる．一方，湾曲内岸の砂州は，河道の平面線形の影響を強く受けて形成されているため，大局的には移動しない．そのため，固定砂州と呼ばれる．なお，このような砂州を有する川幅スケール

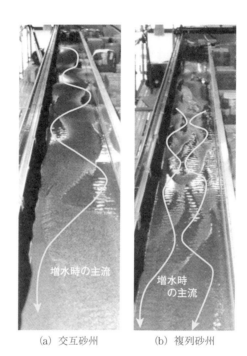

(a) 交互砂州　　(b) 複列砂州

図 4.10　交互砂州と複列砂州

図 4.11　湾曲内岸の砂州（那賀川）

の河床形態を**中規模河床形態**(meso-scale bed configuration)と呼ぶ.

河床形態には,その他に,**砂堆**(dune),**反砂堆**(anti-dune),**砂漣**(ripple)と呼ばれる水深スケールの**小規模河床形態**(small-scale bed configuration)が存在する.図4.12(a)は河川に形成された砂堆の写真である.砂堆の縦断形状は三角形であり,上流側の斜面が緩勾配,下流側の斜面が急勾配となっている.下流側の斜面勾配は**安息角**(angle of repose)程度であり,**剥離渦**(separation eddy)が形成されていることが多い.砂堆は,フルード数が0.8以下のLower Regimeで形成される.そのため,砂堆上に形成される水面形は,図4.12(b)のように,砂堆形状とは逆位相の形状となる.反砂堆も縦断形状は三角形であるが,砂堆よりも丸みを帯びた三角形であり,上流側と下流側の斜面勾配の違いは小さい(図4.13(a)).反砂堆はフルード数が0.8以上のUpper Regimeで形成される.そのため,反砂堆上に形成される水面形は,図4.13(b)のように,反砂堆形状とは同位相の形状となる.砂漣は,乱流の作用によって形成される

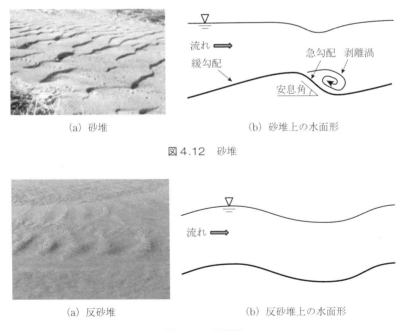

(a) 砂堆　　　　　　　　　　(b) 砂堆上の水面形

図4.12　砂堆

(a) 反砂堆　　　　　　　　　(b) 反砂堆上の水面形

図4.13　反砂堆

図4.14　川俣ダムに形成された貯水池デルタ

小規模河床形態であり，河床の粒径が非常に小さい時に形成されやすい．

　この他に河川が作り出す地形として，**扇状地**（alluvial fan）がある．扇状地は，上空から見ると三角の形状となっている．扇状地は，峡谷を流れてきた河川が平野部に流れ込む場所に形成されることが多い．扇状地の縦断勾配は急であり，堆積している土砂の粒径が大きく，地盤の透水性が高い．

　人為的な作用によって形成された河川地形も存在する．河道内にダムを建設すると，ダムの中には多くの土砂が堆積する．このようなダム貯水池内の土砂の堆積地では，図4.14に示すように，貯水池デルタと呼ばれる三角州と同様のメカニズムで堆積地形が形成される．また，河川には多くの橋が架かっており，橋脚が河道内に存在する．橋脚の上流側では，図4.15に示すように，**局所洗掘**（local scouring）が発生する．局所洗掘はその他の河川構造物周辺にも発生し，図4.16に示すように，**水制**（groin）周辺にも形成される．このような局所洗掘は，平水時の生物の生息場となることもあるため，その特徴を把握することは重要である．この他に，洪水の速やかな流下のために，河積の確保を目的として，河道の掘削が行われたり，建設材料用に**砂利採取**（sand mining）などが行われている．これらの人為的な地形改変は，一部の河川では大規模に行われており，流水・流砂現象によって形成される地形よりも卓越して存在することもある．我が国における多くの河川の下流域は，高度経済成長期に建設材料用に砂利採取が大規模に行われ，大きく河床低下した．その影響

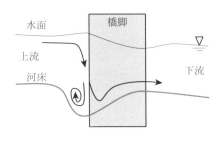

(a) 橋脚周辺の局所洗掘（吉野川）　　　(b) 橋脚周辺の流れ

図4.15　橋脚周辺の局所洗掘

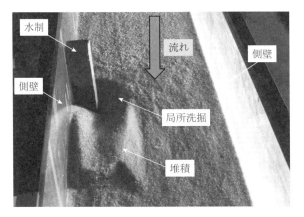

図4.16　水制周辺の局所洗掘

は現在も続いており，高度経済成長期前の河床よりも現在の河床は非常に低く，海域への土砂供給量の減少の一因となっている．

4.2.3　湖沼・河口・沿岸域

　湖沼・河口・沿岸域と河川の違いは，流れの大きさと方向，水の密度差などにある．河川の水は上流から下流に向かって一方向に流れ，土砂輸送は主に洪水時に生じる．我が国の場合，洪水が発生するのは1年間に延べ1ヶ月程度である．湖沼・河口域などの停滞水域では洪水時には上流河川から土砂・懸濁物質が供給され，砂や石礫などの粗粒成分が河川と停滞水域の境界付近に堆積し

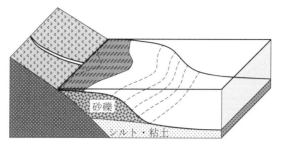

図4.17　河口デルタ地形と堆積物粒径（貯水池流入端でも同様の地形が形成される）

てデルタ地形を形成する（図4.17）．また，シルト・粘土などの細粒成分を含む濁水は停滞水域を密度流として移動し，沈降速度が遅いために遠方まで浮遊移動する．湖沼・貯水池では水温の季節成層が発達するので濁水流は自身と同じ密度の層に貫入し，河口域では塩水（海水）の上を濁水（淡水）が移動する．移動しながら粒子が徐々に沈降し，デルタの縁辺部から湖心もしくは沖合に向かって堆積物の粒径が細かくなってゆく．

　平水時における貯水池や河口域では，密度流現象により懸濁物質が移動する．貯水池では前述の濁水密度流が数週間から数ヶ月の長期にわたって存在することがある．濁水の長期化は地形への影響は少ないが，水環境への影響が問題になる（図4.18）．シルト・粘土は砂礫よりも比表面積が大きいので，粒子表面への栄養塩の吸着量が多い（特にリン）．そのため，粒子が長期間水中に懸濁していると粒子に吸着していた栄養塩が水中に回帰して植物プランクトンに利用され，富栄養化を引き起こす可能性がある．また，貯水池から数ヶ月にわたって濁水が放流され続けると，下流河川が白濁して景観が悪くなるだけではなく，魚のエラに懸濁物質が詰まって呼吸障害を引き起こす恐れもある．

　河口域や沿岸海域では，河川流と潮汐の相互作用により塩水の往復運動が発生し，それに伴って河床や干潟の泥が巻き上げられて高濁度水塊が発生する（図4.19）．河口域での塩水の運動は弱混合型，緩混合型，強混合型に分類され，この順番で水位変動と往復流速が大きくなる．そのため底面せん断応力が大きくなる緩混合型もしくは強混合型の河口域では底泥の巻上げが活発になり，また塩水・淡水の境界面で乱流混合が著しくなるのでフロック化が促進されて沈

第4章 ■ 土砂・懸濁物質の動態

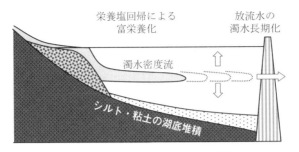

図4.18　貯水池で生ずる濁水密度流

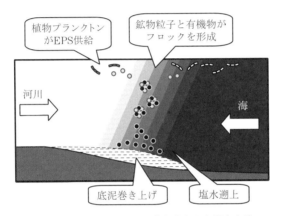

図4.19　河口域で生ずる塩水遡上と高濁度水塊

降速度が単体粒子よりも増大し，満潮時に流れが淀むとシルト・粘土が急速に沈降する．これは浄水場で水道原水に電荷中和剤（ポリ塩化アルミニウム）を投入してから撹拌し，流速を減ずる沈殿池で粒子を沈殿除去するのと同じことである．

　高濁度水塊は塩水と共に往復し，上げ潮での遡上量と下げ潮での流出量を差し引くと一潮汐の正味の懸濁物輸送は内陸側を向く．塩水・淡水の輸送量は海側を向くが（そうでなければ河道から水があふれてしまう），微細な土砂は日々少しずつ内陸側に再配分されて，河岸や河道内漁港，湾曲部などに堆積してゆく．1回の正味の輸送量は洪水時に比べればわずかであるが，潮汐による輸送が一日二回生じるので，その積み重ねが河口域の地形や底質の変化をもたらす．平常時の懸濁物質輸送は生態系とも相互に作用し合い，例えば植物プランクト

ン由来の細胞外高分子ポリマーは微細土砂の粘着剤として作用して耐浸食性を高め，河岸の植生帯は懸濁物質をトラップして堆積を促進させる効果があり，地形変化に貢献している．

海岸では波浪と沿岸流の影響で土砂が岸に沿って横移動してゆく（沿岸漂砂）．このため，海岸から突堤や河口導流堤，漁港の防波堤などの構造物を沖方向に突き出すと沿岸漂砂が構造物で止められて，土砂移動の上流側では海岸線が前進し，下流側では後退する．

4.3 流域圏における土砂・懸濁物質動態

4.3.1 流砂のモデル

流砂の取り扱いに関して，河川における「掃流砂」と「浮遊砂・ウォッシュロード」を例に以下に記述する．

(1) 掃流砂

掃流砂量を予測・評価する式は，多くの研究者によって提案されてきた．ここでは，国内外でよく利用されている芦田・道上式[10]を紹介する．芦田・道上式は，非粘着性の河床材料を対象として掃流砂の**平衡流砂量**(equilibrium bed load)を予測する式である．河床材料を粒径が均一な**一様砂**(uniform sediment)として扱った場合の芦田・道上による掃流砂量式は，以下のようになる．

$$q_b = 17\sqrt{sgd_m^3}\,\tau_{*e}^{\frac{3}{2}}\left(1 - \frac{\tau_{*c}}{\tau_*}\right)\left(1 - \sqrt{\frac{\tau_{*c}}{\tau_*}}\right) \tag{4.1}$$

ここで，q_b は単位幅あたり掃流砂量，s は砂の水中比重（$(\rho_s - \rho_w)/\rho_w$），ρ_s は土粒子の密度，ρ_w は水の密度，d_m は河床材料の**平均粒径**(mean diameter)である．τ_* は**無次元掃流力**(non-dimensional shear stress)，τ_{*c} は**無次元限界掃流力**(non-dimensional critical shear stress)，τ_{*e} は**無次元有効掃流力**(non-dimensional effective shear stress)であり，それぞれ，摩擦速度 u_*，**限界摩擦速度** u_{*c} (critical friction velocity)，**有効摩擦速度** u_{*e} (effective friction velocity）と以下の関係がある．

$$\tau_* = \frac{u_*^2}{sgd_m}, \quad \tau_{*c} = \frac{u_{*c}^2}{sgd_m}, \quad \tau_{*e} = \frac{u_{*e}^2}{sgd_m} \tag{4.2}$$

無次元掃流力は，河床面に作用するせん断応力を無次元化したものであり，土砂を流送させようとする応力とそれに抵抗しようとする応力の比となっている．無次元掃流力が大きいと多くの土砂が流れ，小さいと流れる土砂の量も少ない．無次元限界掃流力は，土砂が移動するかどうかの限界状態での無次元掃流力である．岩垣[11]によると，約3mm以上の一様砂であれば，無次元限界掃流力が0.05の一定値となることが知られている．無次元有効掃流力は，土砂を流送させるために有効に働く応力であり，芦田・道上[10]は以下の式を提案している．

$$u_{*e}^2 = \frac{u^2+v^2}{\left(6+2.5\ln\dfrac{h}{d_m(1+2\tau_*)}\right)^2} \tag{4.3}$$

ここで，uとvはそれぞれ水深平均流速の流下方向成分と横断方向成分であり，hは水深である．図4.20には，河床に砂堆が形成された場における有効掃流力に関する模式図を示す．図に示すように，砂堆の下流側には流れの剥離域が形成される．このような流れの剥離域では多くのエネルギーが散逸され，形状

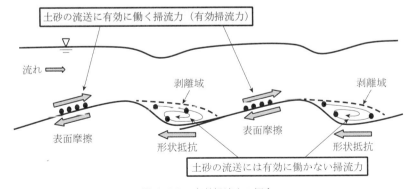

図4.20　有効掃流力の概念

抵抗が生じる．しかし，このような剥離域では土砂はトラップされることが多く，剥離域での掃流力は土砂を下流に流送するためには使われていない．一方，砂堆上流域の非剥離域では，流砂の非平衡性を無視すれば，掃流力に対応した土砂量が流れている．そのため，流砂量を予測するための掃流力としては，土砂の流送に有効に働いている砂堆上流側の応力（有効掃流力）を用いて計算する．このように，全掃流力と有効掃流力は一般に一致しないので，流砂量を計算するときは有効掃流力の概念が重要となる．

式(4.1)は，河床材料の**粒度分布**（sediment size distribution）を無視し，河床材料を粒径が均一な一様粒径として扱った場合の式である．しかし，実河川の全ての河床材料は，粒度分布を有した**混合砂**（non-uniform sediment）である．河床材料の粒度分布特性は，流砂量に大きな影響を与えることが知られている．また，河床材料の粒度は，河道内の動植物の生息環境を議論する上で非常に重要な情報であるため，河床材料を混合砂として扱った流砂量や河川地形の予測も行われている．ここで，混合砂の流砂量を予測する場合の取り扱いを説明する．混合砂の流砂量を予測するときは，図4.21に示すように，粒度分布を粒径階と呼ばれるいくつかの粒径集団に分け，各粒径階の中では，粒径が均一な土砂の集合と仮定する．各粒径階の流砂量は，河床材料を混合砂として扱った場合の芦田・道上による掃流砂量式[10]を用いて計算される．

$$q_{bk} = 17\sqrt{sgd_k^3}\, \tau_{*ek}^{\frac{3}{2}} \left(1 - \frac{\tau_{*ck}}{\tau_{*k}}\right)\left(1 - \sqrt{\frac{\tau_{*ck}}{\tau_{*k}}}\right) f_{bk} \tag{4.4}$$

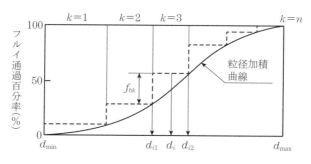

図4.21　粒径加積曲線

ここで，q_{bk} は k 粒径階（size class）における単位幅あたりの掃流砂量，d_k は k 粒径階の土砂の平均粒径，f_{bk} は土砂のやりとりがある**交換層**（exchange layer）内の k 粒径階の土砂の存在率，n は粒径階の総数である．また，τ_{*k} は k 粒径階における無次元掃流力，τ_{*ck} は k 粒径階における無次元限界掃流力，τ_{*ek} は k 粒径階における無次元有効掃流力である．次に，q_{bk} を次式を用いて線形的に足し合わせ，得られたものを単位幅あたりの掃流砂量とする．

$$q_b = \sum_{k=1}^{n} q_{bk} \tag{4.5}$$

なお，式(4.4)での τ_{*k} と τ_{*ck}，τ_{*ek} はそれぞれ摩擦速度 u_*，限界摩擦速度 u_{*ck}，有効摩擦速度 u_{*e} と以下の関係がある．

$$\tau_{*k} = \frac{u_*^2}{sgd_k}, \quad \tau_{*ck} = \frac{u_{*ck}^2}{sgd_k}, \quad \tau_{*ek} = \frac{u_{*e}^2}{sgd_k} \tag{4.6}$$

ここで，u_{*ck} は k 粒径階に対する限界摩擦速度であり，後述する式(4.7)を用いて計算されることが多い．

当然ながら，別々の粒径階同士は相互に影響を及ぼし合う．これについては，無次元限界掃流力の算定において一部考慮されている．図4.22は，混合砂の無次元限界掃流力を算定する時に導入されている遮蔽の概念を示したものである．まず，大きい粒径の土砂の中に小さい粒径の土砂が一つ存在する場を考える．この場合，小さい土砂は大きい土砂の隙間に入り込むことが多く，小さい土砂に作用する流体力は平均的に小さくなる．そのため，小さい土砂は，小さい土砂ばかりの一様砂の時よりも流送されにくくなり，無次元限界掃流力が大きくなる．一方，小さい土砂の中に大きな粒径の土砂が一つ存在する場合は，小さい粒径の土砂よりも大きい粒径の土砂に作用する流体力は平均的に大きくなり，大きい流体力を受けやすくなる．そのため，周りの土砂よりも相対的に大きい土砂は，大きい土砂ばかりによる一様砂の時よりも流送されやすくなり，無次元限界掃流力が小さくなる．芦田・道上[10]は，このような遮蔽の概念を導入し，Egiazaroff の無次元限界掃流力の式[12]を修正した以下の式を提案している．

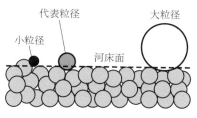

図4.22 遮蔽の概念

$$u_{*ck}^2 = u_{*cm}^2 \left[\frac{\log_{10} 19}{\log_{10}(19 d_k/d_m)} \right]^2 \frac{d_k}{d_m} \qquad d_k/d_m \geq 0.4 \qquad (4.7\text{a})$$

$$u_{*ck}^2 = 0.85 u_{*cm}^2 \qquad d_k/d_m \leq 0.4 \qquad (4.7\text{b})$$

(2) 浮遊砂及びウォッシュロード

流下方向に輸送される一様砂の浮遊砂量は，流下方向の一次元場では以下のように表現できる．

$$q_s = c_s u \qquad (4.8)$$

ここで，q_s は単位幅あたりの浮遊砂量，c_s は水深平均の**浮遊砂濃度** (suspended sediment concentration) （正確には，**基準点高さ** (reference level) a から水面までの平均浮遊砂濃度）である．浮遊砂の鉛直濃度分布を計算するときは，浮遊砂濃度の基準となる高さ a を用いる．基準点高さに関する物理的意味は不明な点が多いが，水深の5%の高さとすることが多い．Lane and Kalinske[13] は，基準点高さにおける k 粒径階の平衡浮遊砂濃度 c_{sbek} (ppm) として，以下の式を提案している．

$$c_{sbck}=5.55\left(\frac{1}{2}\frac{u_*}{w_{fk}}\exp\left(-\frac{w_{fk}}{u_*}\right)\right)^{1.61}f_{bk} \tag{4.9}$$

ここで，w_{fk} は k 粒径階の浮遊砂の**沈降速度** (settling velocity) であり，次の Stokes の式と Rubey の式[14]がよく用いられる．

【Stokes の式】 $\quad w_{fk}=\dfrac{1}{18\nu}(s-1)gd_k^2 \tag{4.10a}$

【Rubey の式】 $\quad w_{fk}=\left(\sqrt{\dfrac{2}{3}+\dfrac{36\nu^2}{sgd_k^3}}-\sqrt{\dfrac{36\nu^2}{sgd_k^3}}\right)\sqrt{sgd_k} \tag{4.10b}$

二つの沈降速度式を比較したものを図4.23に示す．このように，粒径が小さい場合，すなわち，低粒子レイノルズ数の場合に両者は一致する．

浮遊砂濃度の鉛直分布が指数分布で仮定されるとき，k 粒径階の水深平均浮遊砂濃度 (c_{sk}) と基準面高さにおける浮遊砂濃度 (c_{sbk}) との関係は以下のようである．

$$c_{sk}=\frac{c_{sbk}}{\beta_{sk}}(1-e^{(-\beta_{sk})}), \quad \beta_{sk}=\frac{w_{fk}h}{D_z} \tag{4.11}$$

ここで，D_z は浮遊砂に関する鉛直 (z) 方向の拡散係数である．

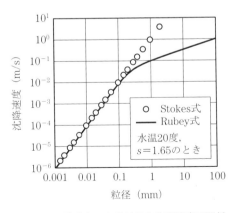

図4.23　静水中の土砂粒径と沈降速度の関係

平衡浮遊砂量は，基準面高さにおける浮遊砂濃度が式(4.9)に等しい時の浮遊砂量である．河床材料の粒度や河道形状の縦断変化が少ないときは，浮遊砂量の算定においては平衡流砂量を用いて計算が可能である．しかし，浮遊砂は掃流砂に比べて**非平衡性**(non-equilibrium characteristics)が非常に強い．つまり，浮遊砂の局所的な濃度は，移流によって周辺からの濃度の影響を強く受け，局所的な掃流力に対応した濃度との差が比較的大きい．そこで，浮遊砂輸送方程式を用いて非平衡性を考慮している．以下に平面二次元場の式を示す．

$$\frac{\partial}{\partial t}(hc_{sk}) + \frac{\partial}{\partial x}(hc_{sk}u) + \frac{\partial}{\partial y}(hc_{sk}v)$$
$$= w_{fk}(c_{sbek} - c_{sbk}) + \frac{\partial}{\partial x}\left(hD_x\frac{\partial c_{sk}}{\partial x}\right) + \frac{\partial}{\partial y}\left(hD_y\frac{\partial c_{sk}}{\partial y}\right) \quad (4.12)$$

ここに，D_x, D_y は，それぞれ，流下方向，横断方向の浮遊砂の拡散係数である．

ウォッシュロードは河床材料に存在しない微細な粒子が懸濁輸送される現象と定義されており，流域斜面からの供給量がそのまま河道の輸送量になると考えられる．便宜的に，河川の物質濃度Cが流量Qのべき乗に比例すると仮定すると，以下のようになる．

$$C = \alpha Q^\beta \quad (4.13)$$

ここで，αとβは係数である．両辺に流量Qをかけると，濃度Cと流量Qの積は輸送量Lになるので，以下の関係を得る．

$$L = \alpha Q^\gamma \quad (4.14)$$

ここで，$\gamma = \beta + 1$であり，経験的にγは2〜3の範囲である（図4.24）．これをL-Q式といい，大変簡便なので微細土砂のみならず栄養塩や有機物など，水と共に流れるあらゆる物質の輸送量（フラックス）計算で広く用いられている．ただし，実際の現象は濃度Cと流量Qの関係が，洪水の増水時と減水時で異なるため，ループを描く（図4.25）．図4.24はL-Q式の精度が高いように見えるが，これは対数表示しているためであり，L-Q式による濁質輸送量の誤差は数倍になることを前提に用いる必要がある．

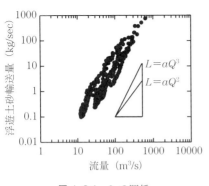
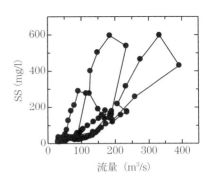

図4.24　L-Q関係　　　　図4.25　流量と物質濃度の関係

一般に，濁質濃度は時空間的に変化することが示されている．例えば，江戸川では洪水時に横断方向に濁質濃度が変化して，低水路で高濃度に，高水敷で低濃度になる．これは植生が水平混合に影響しているためであり，濁質濃度の横断変化を考慮せずに土砂輸送量を算定すると，最大で16％の誤差が生ずる[15]．また，筑後川の感潮河道では洪水時に濁質濃度が流下方向に増大するが，これは河床に堆積した軟泥が浸食されて巻上げ・再懸濁するためである．

4.3.2　土砂・懸濁物質動態モデル

(1) 概要

土砂・懸濁物質の動態に関してモデル化すべき現象は，流域斜面における生産（斜面崩壊・表面浸食・土石流など），河道における輸送・堆積・浸食，湖沼・沿岸海域などの停滞水域における輸送・堆積・巻上げ（再懸濁）に大別される．

斜面崩壊や地すべりの発生箇所や生産土量及びその粒径などを予測する手法が多くの研究者によって調べられている．それらは，降雨強度や降雨継続時間，斜面勾配，地質，浸透流特性などの影響を強く受ける．これらのうち，降雨強度や降雨継続時間，斜面勾配等は比較的精度良く測定可能であるが，地質，浸透流特性などは，地盤内の構造及び現象であり，空間的な変化も大きいため，流域内の全ての斜面に対して把握することは困難である．そのため，現時点では，土質特性等の空間的な変化を無視し得るような1斜面を対象とした解析では，比較的精度の良い**斜面安定解析**（slope stability analysis）によって斜面の

安定性の評価が可能となっている．一方，流域全体に対する斜面崩壊や地すべりの発生箇所，生産土量，生産土砂の粒径などの予測は，それぞれの流域の実績を考慮した経験的な方法が用いられることが多い．

　表面浸食は降雨の表面流が表層土壌を洗い流すことにより発生する．そのため，影響因子としては斜面勾配や降雨，植生，表土層厚を考えるのが一般的である．斜面崩壊と同様に，諸因子を掛け合わせた経験的モデルと流水による表面浸食を考慮した物理モデルがある．前者には例えばUSLE (Universal Soil Loss Equation) モデル，後者には分布型土砂流出モデルがある．後者では，地理情報システム (GIS) を用いて数値標高モデル (DEM) を作成し，河道網を生成する．また，降雨（表面流出・中間流出成分）と斜面流量・水位変化の関係を定式化したkinematic wave法により，各セルでの山腹斜面の流れを計算する．この表面流出水によって斜面での土砂生産量（浸食量）を計算して河道に流入させ，流砂量式を用いて河道を流下させる．また，農地浸食を対象とした分布型物理モデルであるWEPP (Water Erosion Prediction Project) はより多くの過程を考慮しており，気候，表面流，水収支を計算し，土壌状態や作物の生育，圃場の管理を考慮して土壌浸食を計算する．

　生産された土砂は，流水の作用によって下流域に輸送される．下流域に供給される土砂の量の増減は，下流域の河床位の変化や河床材料の粒度分布の変化として現れる．例えば，下流域への土砂の流出量が少ないと，河床位が低下するとともに河床材料が粗粒化し，既存の底性生物が住めなくなり，河道内の生物相が変化する．また，下流域への土砂の流出量が多いと河床位が上昇して洪水が氾濫しやすくなったり，流路の位置が大きく変化し，動植物の生息・生育場が一変することがある．このように，生産された土砂がどのような時空間的なスケールで下流に伝播し，河床位及び河床材料の粒度の変化を引き起こすかを把握することは重要である．

(2) 流域土砂動態モデル

　土砂は流域全体から生産されるため，個々の河道内で発生している現象を詳細に解析することは困難である．そのため，土砂の流出過程についても水と同様に，簡略化された方法によって予測している．ここでは，流域の河道と斜面

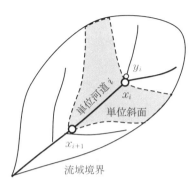

図4.26　単位河道と単位斜面

を**単位河道**(unit channel)と**単位斜面**(unit slope)として扱った**流域土砂動態モデル**(basin sediment runoff model)[16]を紹介する．

図4.26に示すように，流域を河道の合流点から次の合流点までの単位河道とそれに付随する2つの単位斜面からなる小流域に分割し，上流側の合流点を含み下流側の合流点を含まない区間を単位河道と定義し，これを連結して降雨流出過程と土砂流出過程を解析する．単位河道内の水の質量保存則および運動方程式は，抵抗則としてマニング則を用いると，以下のようである．

$$\frac{\partial h}{\partial t} = \frac{1}{BL}(Q_{in1} + Q_{in2} - Q_{out}) + \frac{1}{B}q \tag{4.15}$$

$$Q = \frac{1}{n_m} B I^{1/2} h^{5/3} \tag{4.16}$$

ここで，Bとhは単位河道平均の河道幅と水深，Lは単位河道の長さであり，Q_{out}は単位河道からの流出流量，Q_{in1}とQ_{in2}は単位河道への流入流量であり，これら流入・流出流量は式(4.16)より求める．また，Iは単位河道の河床勾配，n_mは単位河道のマニングの粗度係数，qは右岸と左岸の両斜面からの単位幅あたりの流入水量である．

単位河道の土砂の質量保存則は，以下のようである．

$$(1-\lambda)\frac{\partial z_b}{\partial t}=\frac{1}{BL}(Q_{bin1}+Q_{bin2}-Q_{bout}+Q_l)+D_s-E_s+D_w-E_w \quad (4.17)$$

ここで，z_b は河床位，λ は河床土砂の**空隙率**(porosity)，Q_{bout} は単位河道からの流出掃流砂量，Q_{bin1} と Q_{bin2} は単位河道への流入掃流砂量であり，以下の式より求める．

$$Q_b=B\sum_{k=1}^{n}q_{bk}=\sum_{k=1}^{n}Q_{bk} \quad (4.18)$$

ここで，q_{bk} は k 粒径階の単位河道平均の単位幅掃流砂量であり，河床材料を混合砂として扱っている．また，Q_l は両斜面からの土砂供給量である．なお，土砂の流出プロセスを解析する場合，一般に，流域スケールの非常に広い範囲の現象を扱うため，河床材料の粒度も解析区間の上流と下流で大きく異なる．そのため，土砂流出プロセスの解析では，河床材料を混合砂として扱う必要がある．式(4.17)における D_s と E_s は浮遊砂の堆積速度と浸食速度であり，以下の関係より求める．

$$D_s=\sum_{k=1}^{n}D_{sk} \quad (4.19)$$

$$D_{sk}=c_{sbk}w_{fk} \quad (4.20)$$

$$E_s=\sum_{k=1}^{n}E_{sk} \quad (4.21)$$

$$E_{sk}=c_{sbek}w_{fk} \quad (4.22)$$

式(4.11)を用いて式(4.20)中における c_{sbk} を算出するために，以下に示す k 粒径階の浮遊砂輸送方程式が用いられる．

$$\frac{\partial c_{sk}h}{\partial t}=\frac{1}{BL}(c_{skin1}Q_{in1}+c_{skin2}Q_{in2}-c_{skout}Q_{out})+E_{sk}-D_{sk} \tag{4.23}$$

ここで，c_{skout} は単位河道から流出する浮遊砂濃度，c_{skin1} と c_{skin2} は単位河道へ流入する浮遊砂濃度である．平衡浮遊砂濃度 c_{sbek} と土砂沈降速度 w_{fk} は，それぞれ式 (4.9) と (4.10) より求める．

また，式 (4.17) 中の D_w と E_w はウォッシュロードの堆積速度と浸食速度であり，濃度の鉛直分布を一様として，以下の関係より求める．

$$D_w = c_w w_f \tag{4.24}$$

$$E_w = -(1-\lambda)f_w\frac{\partial z_b}{\partial t} \quad \left(\frac{\partial z_b}{\partial t}\leq 0\right) \tag{4.25a}$$

$$E_w = 0 \quad \left(\frac{\partial z_b}{\partial t}\geq 0\right) \tag{4.25b}$$

ここで，f_w と f_{bk} は以下の関係を満たす．

$$f_w+\sum_{k=1}^{n}f_{bk}=1 \tag{4.26}$$

k 粒径階のウォッシュロードの輸送方程式は，浮遊砂の場合と同様に，以下のように与えられる．

$$\frac{\partial c_w h}{\partial t}=\frac{1}{BL}(c_{win1}Q_{in1}+c_{win2}Q_{in2}-c_{wout}Q_{out})+E_w-D_w \tag{4.27}$$

ここで，c_w は単位河道平均のウォッシュロード濃度，c_{wout} は単位河道からのウォッシュロードの流出濃度，c_{win1} と c_{win2} は単位河道へのウォッシュロードの流入濃度である．

掃流砂層の厚さ E_b を時間的に一定とし，掃流砂の土砂濃度を静止体積濃度と等しくすると，河床表層内における各粒径階の土砂の質量保存則は，以下のようである．

$$(1-\lambda)E_b\frac{\partial f_{bk}}{\partial t}+(1-\lambda)F_{bk}\frac{\partial z_b}{\partial t}$$

$$=\frac{1}{BL}(Q_{bkin1}+Q_{bkin2}-Q_{bkout}+Q_{lk})+D_{sk}-E_{sk}+D_w-E_w$$

$$\begin{cases}F_{bk}=f_{dak}, \partial z_b/\partial t\leq 0\\ F_{bk}=f_{bk}, \partial z_b/\partial t\geq 0\end{cases} \quad (4.28)$$

ここでf_{dak}は式(4.30)と共に説明する．また，k粒径階の斜面崩壊や土石流による河道への土砂供給量Q_{lk}については，様々な方法が提案されているが，確立された方法は無い．

斜面からのウォッシュロードの供給量については，上述の方法よりも簡便な取り扱いも行われている．前述の$L-Q$式は流量の2～3乗で表されるが，大河川と小河川を比較したときにSS輸送量の大小が流量（流域面積）に依存しているのか斜面の浸食特性に依存しているのか分からない．そこで，式(4.14)を観測地点より上流の流域面積Aで除して単位面積あたりにすると，以下が得られる．

$$\frac{L}{A}=(\alpha\times A^{\gamma-1})\left(\frac{Q}{A}\right)^{\gamma} \quad (4.29)$$

ここで，Q/Aは比流量（m³/s/km²），L/Aは比SS輸送量（kg/s/km²）である．比流量は単位換算すれば降雨強度（mm/h）に相当し，比SS輸送量は土壌の浸食速度（mm/s）に相当するので，指数γは降雨時の浸食の進みやすさを表す．

4.3.3 河床変動モデル

単位河道内の流れ・河床変動も含めた解析に用いられる基礎方程式を紹介する．水の流れに関する基礎方程式は2章で既に示している．また，掃流砂量及び浮遊砂量に関する基礎方程式は4.3.1で既に示している．ここでは，河床変動に関する基礎方程式のみを示す．

一次元河床変動解析（one dimensional bed deformation analysis）では，一般に，断面平均の流砂量や河床変動量を計算する．最も簡単なモデルでは，河道

横断面形状は長方形断面に近似する．ただし，河道横断面形状を長方形に近似すると，河道内に砂州が形成されている河川であれば，流量が少ないときに，解析上では薄く幅の広い流れとなってしまうため，流砂量が過小評価される．また，砂州域や高水敷が広く，主流路が細く深い場合には，長方形断面近似を用いると，解析の中で水位が高く評価されてしまい，現実とはかけ離れた水面形となる．そのため，横断面形状を考慮した一次元解析も行われている[17]．

混合砂の流砂量を計算するためには，各粒径階の土砂の存在率f_{bk}を予測する必要がある．各粒径階の土砂の存在率については，図4.27に示すように，河床面以下の地盤を適当な厚さで層状にスライスし，各層内の土砂の粒度分布を予測することを考える．図4.27のように，河床面の上に掃流砂の層を想定すると，**掃流砂層**（表層，交換層，bed load layer）内の各粒径階の土砂の質量保存則は，以下のようになる．

$$B_w\frac{\partial c_b E_b f_{bk}}{\partial t}+B_w(1-\lambda)F_{bk}\frac{\partial z_b}{\partial t}+\frac{\partial Q_{bk}}{\partial x}+B_w w_{fk}(c_{sbek}-c_{sbk})=0$$

$$\begin{cases} F_{bk}=f_{dak}, \partial z_b/\partial t\leq 0 \\ F_{bk}=f_{bk}, \partial z_b/\partial t\geq 0 \end{cases} \quad (4.30)$$

ここで，c_bは断面平均の掃流砂の濃度，B_wは流水域の幅，f_{dak}は掃流砂層直下の**堆積層**（deposition layer）におけるk粒径階の土砂の存在率，Q_{bk}はk粒径階の土砂の断面平均掃流砂量である．掃流砂層直下（堆積層の最上層）は，**遷移**

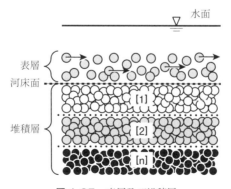

図4.27　表層及び堆積層

層 (transition layer)[18] と呼ばれることもあり，この層における土砂の質量保存則は以下のようである．

$$\frac{\partial E_{da}f_{dak}}{\partial t} - F_{dk}\frac{\partial E_{da}}{\partial t} = 0 \quad \begin{cases} F_{dk}=f_{dak}, \ \partial z_b/\partial t \leq 0 \\ F_{dk}=f_{bk}, \ \partial z_b/\partial t \geq 0 \end{cases} \quad (4.31)$$

ここで，E_{da} は遷移層の厚さである．遷移層以下の m 番目の堆積層における k 粒径階の存在率である f_{dmk} は，河床が浸食され，遷移層に変化した後に，式 (4.31) の関係で変化する．

k 粒径階の断面平均浮遊砂濃度 (c_{sk}) は，以下の関係より求める．

$$\frac{\partial Ac_{sk}}{\partial t} + \frac{\partial Qc_{sk}}{\partial x} = AD\frac{\partial^2 c_{sk}}{\partial x^2} + B_w w_{fk}(c_{sbek} - c_{sbk}) \quad (4.32)$$

河床位は図4.28に示すように断面内の流水域のみ変化するとして，式 (4.30) の総和をとることによって得られる以下の河床位方程式より求める．

$$B_w\frac{\partial (c_b E_b)}{\partial t} + B_w(1-\lambda)\frac{\partial z_b}{\partial t}$$
$$+ \sum_{k=1}^{n}\left(\frac{\partial Q_{bk}}{\partial x} + B_w w_{fk}(c_{sbek} - c_{sbk})\right) = 0 \quad (4.33)$$

二次元河床変動解析 (two dimensional bed deformation analysis) は，河床変動量の平面分布や水深平均の流砂量などを計算する．河床材料を混合砂として扱い，空隙率の時空間的な変化を無視し，河床に十分な非粘着性土が存在すると仮定すると，河床位方程式は以下のようになる．

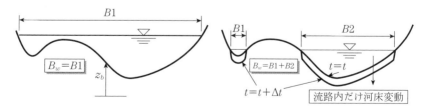

図4.28　一般断面形状を対象とした一次元解析による断面形状の変化

$$(1-\lambda)\frac{\partial z_b}{\partial t}+\left(\frac{\partial}{\partial x}\left(\sum_{k=1}^{n}q_{bxk}\right)+\frac{\partial}{\partial y}\left(\sum_{k=1}^{n}q_{byk}\right)+\sum_{k=1}^{n}w_{fk}(c_{sbek}-c_{sbk})\right)=0$$

(4.34)

ここで，q_{bxk} と q_{byk} は x, y 方向における k 粒径階の単位幅掃流砂量である．

日本の河川は，河床材料の平均粒径が大きく，河床材料全体に占める粘着性土の割合は少ない．そのため，上述のように，河床材料を非粘着性土として扱って河床変動を予測することが多い．しかし，植生域や河口域，貯水池では粘着性を示す**細粒土**(fine material)が堆積している．また，図4.29に示すように，メコン河下流域や釧路川下流域のように，低平地河川では広い範囲で粘着性を示す河床材料が存在する．河床から粘着性土が露出している場合の河床位方程式は，以下のようになる．

$$\frac{\partial z_b}{\partial t}+V_e=0 \qquad (4.35)$$

ここで，V_e は粘着性土の浸食速度であり，関根ら[19]によって以下の関係が提案されている．

$$V_e=\alpha_c R_{wc}^{2.5}u_*^3 \qquad (4.36)$$

ここで，α_c は粘性土の種類によって決定される係数，R_{wc} は**水含有率**(water

図4.29 粘着性土（メコン河）

content rate)である．なお，式(4.35)では粘着性土の再堆積を無視している．粘着性土の輸送・再堆積を考慮する場合は，式(4.32)や式(4.34)の非粘着性土の式を併用した取り扱いが必要である．

掃流砂層における各粒径階の土砂の質量保存則の二次元表示は，以下のようである．

$$\frac{\partial}{\partial t}(c_b E_b f_{bk}) + (1-\lambda) F_{bk} \frac{\partial z_b}{\partial t}$$

$$+ \left\{ \frac{\partial q_{bxk}}{\partial x} + \frac{\partial q_{byk}}{\partial y} + w_{fk}(c_{sbek} - c_{sbk}) \right\} = 0$$

$$\begin{cases} F_{bk} = f_{dak}, \partial z_b/\partial t \leq 0 \\ F_{bk} = f_{bk}, \partial z_b/\partial t \geq 0 \end{cases} \quad (4.37)$$

なお，表層以下の堆積層の各粒径階の土砂の質量保存則は，式(4.31)と同一である．

次に，河岸浸食を伴う流路変動を考える．河岸が非粘着性材料で構成されている場合は，河岸勾配は安息角以上とはならない．そのため，河床勾配が安息角以上となった場合，局所河床勾配が安息角以下となるように河床位を補正することにより河岸浸食を表現する[20]．一方，粘着性土で構成されている場合は河岸における摩擦速度を計算し，式(4.36)を用いて河岸の浸食を計算する．河岸浸食が発生すると解析する対象領域が時間的に変化することとなり，これまで使用してきた基礎方程式にもそれらの影響を考慮する必要がある[21]．

column 4.2
「河床面はどこ？」

式(4.34)は，一般によく利用されている河床位方程式である．しかし，この式は掃流砂の輸送状態を無視した定義であることに気づかれただろうか？　本書では，掃流砂の輸送状態を記述するため，掃流砂層を設定し，河床面を掃流砂層の下面に定義して式(4.33)等は記述している．式(4.34)のような取り扱いを行うと，土砂の粒度を計算する交換層が河床面以下となり，止まっているはずの河床面以下の

土砂が流砂と交換されて粒度が変化することとなる．

では，なぜ一般に良く利用されている河床位方程式は，このような式形となっているのであろうか？　これは，掃流力の小さい領域では掃流砂層厚が非常に薄く，無視し得ると考え，流砂の輸送状態の記述にあまり注意が払われなかったためと思われる．しかし，掃流力が大きくなると掃流砂層厚さは無視し得ない程度に厚くなる．また，粒度分布の予測や岩盤・粘着性土等の固定・難浸食性河床上の掃流砂量の評価などを行う上では，河床面を掃流砂層下面に設定した取り扱いが不可欠となる．

4.3.4　停滞水域における懸濁物質輸送のモデル化

湖沼・河口域・沿岸海域での懸濁土砂の輸送は鉛直二次元もしくは三次元モデルで解析され，それらは水の運動方程式と連続式，水温と塩分，懸濁物質の輸送方程式から構成される．三次元場の懸濁物質輸送方程式は次式のように与えられる．

$$\frac{\partial SS}{\partial t} + u\frac{\partial SS}{\partial x} + v\frac{\partial SS}{\partial y} + (w-w_0)\frac{\partial SS}{\partial z} = $$

$$\frac{\partial}{\partial x}\left\{\left(\frac{v}{S_c}+\frac{v_{tH}}{\sigma_t}\right)\frac{\partial SS}{\partial x}\right\} + \frac{\partial}{\partial y}\left\{\left(\frac{v}{S_c}+\frac{v_{tH}}{\sigma_t}\right)\frac{\partial SS}{\partial y}\right\} + \frac{\partial}{\partial z}\left\{\left(\frac{v}{S_c}+\frac{v_{tV}}{\sigma_t}\right)\frac{\partial SS}{\partial z}\right\}$$

(4.38)

ここで，SS は懸濁物質の濃度，w_0 は懸濁粒子の沈降速度，S_c はシュミット数，σ_t は乱流シュミット数である．この中で粒子の沈降速度の取り扱いに多くの課題があるのが現状である．貯水池では濁水長期化が問題となり，$10\mu m$ 以下の微粒子が水温躍層より上に数ヶ月間漂っている．例えば，水深20 m を沈降する時間をStokes式で計算すると $10\mu m$ の粒子は2.5日，$5\mu m$ は10日，$3\mu m$ は29日となるが，実際には $10\mu m$ 程度の粒子も数ヶ月間漂っている（図4.30）．これはブラウン運動や粒子間の電気的反発力，密度躍層での乱流の

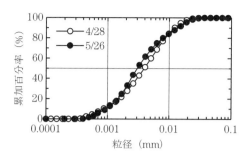

図 4.30 貯水池内の懸濁物質の粒度分布

影響などと説明される．そこで数値シミュレーションの際にはいくつかの対応策がとられる．一番単純な方法は，実際の沈降現象に見合った沈降速度を逆算して与えることである．二番目は，現場で採取した濁水を円筒に入れて濃度の時間変化から沈降速度を決める方法で，これは沈降実験と言われて最も一般的である．ただし，濁水採取と実験実施の手間が最もかかる．この他に，粒子の確率的沈降モデル[22]やランダムウォークモデル[23]なども提案されている．前者は，沈降しない粒子が一次反応式により沈降粒子に変換されるという概念モデルであり，後者は乱数を導入して全粒子の位置を決定するラグランジュ的手法であり，いずれも濁質沈降現象を良好に再現している．

4.3.5 流域スケールでの土砂・懸濁物質収支

　流域スケールにおける土砂・懸濁物質の収支を調べた例として，九州・筑後川における土砂・懸濁物質動態の調査解析結果を紹介する．筑後川は源流が阿蘇外輪山および久住連山という火山地帯であり，その水はダムを通過して筑紫平野を貫流し，日本最大の潮位差を有する有明海に流入している．このため，土砂の生産・移動・堆積現象がダイナミックであり，変化を捉えやすい特徴がある．

(1) 筑後川の概要

　筑後川の流域面積は2,860 km^{2}であり，このうち平地面積が780 km^2，山地面積が2,080 km^{2}となっている（図4.31）．山地流域には11基のダムが設置されているが，土砂を捕捉しているのは松原ダム・下筌ダムなどの6基のダムで

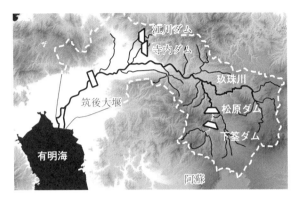

図4.31　筑後川の流域図

ある．これらの流域面積は623 km²であって山地面積の約3割にあたる．幹川流路延長は143 kmであり，筑紫平野を流れる区間が65 kmである．

感潮区間は河口から23 km地点に設置された筑後大堰までである．17.4 km地点には床固めが設置されており，平常時の塩水遡上の限界となっている．河床の表層材料は河口付近と22 kmより上流では砂が多い．8〜20 kmの区間ではシルト・粘土が卓越するが，これらは非洪水期の一時的な堆積物であり，基盤層は砂である．有明海の潮位変動は最大で6 mに達し，干潮時には筑後川の河口を中心に約45 km²の広大な干潟が出現する．

(2) 流域の土砂生産と収支

筑後川流域の土砂生産量を2つの手法で調べた．砂礫についてはダム堆砂量を基にして推定し，シルト・粘土については濁度モニタリングから推定した．

まず前者について，流域にある6基のダムの堆砂量は，1969年から1999年までの30年間に794万m³であった．堆砂ボーリング資料から粒径別に土砂量を推定すると，約7割がシルト・粘土，約3割が砂礫であった．さらに，流域の斜面勾配・有効降雨をパラメータとした簡易的な土砂生産モデルを作成し，ダム流域でモデル係数の調整を行い，自然流域の土砂生産量を推定した[24]．単位面積あたりの土砂生産量は200〜1,000 m³/km²/yrの範囲に分布し，これを粒径別に区分して砂についてまとめると図4.32(左)が得られた．

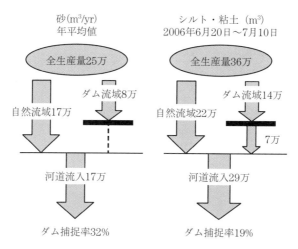

図4.32 流域の粒径別土砂生産状況（砂は年平均値，シルト・粘土は2006/6/20〜7/10の期間の結果）

次に，濁度計を流域の17地点に設置して洪水時（2006年6月20日〜7月10日）の濁度モニタリングを行った．別途，採水分析により濁度－SS検定線を作成し，これから時々刻々の濁度データをSSの時系列データに換算した．そして，河川流量を乗じてSS輸送量を求め，空隙率を0.8（含水比150%相当）として体積に換算すると図4.32（右）が得られた．なお，採取した濁質は90%粒径が0.08 mmであり，シルト・粘土の移動状況を表している．

これらから，筑後川流域で生産される土砂のうち，砂は68%，シルト・粘土は81%がそれぞれ下流側に供給されることが分かる．また，ダム貯水池に流入するシルト・粘土の約50%はトラップされ，残りが下流へ放流される．これは，松原・下筌ダムでは，梅雨期に治水のために水位を大きく低下させており，水の回転率が高いためである．

(3) 流域の地理的特性と懸濁土砂の流出

上述した濁度データから流域の地理的特性とSS流出の関係を見てみる[25]．流域面積がほぼ等しい2つの河川の流出時系列（図4.33）より，降雨や流量は同程度であるが，SS濃度は河川AがBの10〜30倍になっていることがわかる．

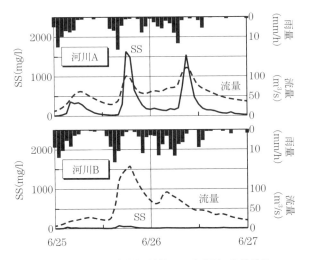

図4.33 2つの河川の流量・SS時系列の比較状況

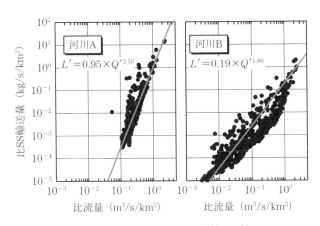

図4.34 2つの河川の L-Q 関係の比較

　河川の流出負荷式（L-Q 式）を流域面積で割って，比流量 Q' と比SS輸送量 L' に変換すると，図4.34が得られた．この L-Q 関係の傾きは降雨時の浸食の進みやすさを表す（ここでは，土砂流出勾配と称する）．河川Aの方がBよりも傾き（指数）が大きく，降雨時には河川Aで表面浸食が進みやすい．一方，低水時の比SS輸送量（比低水土砂量と称す）に着目すると，例えば比流量が

0.05 m³/s/km² のときの比SS輸送量は河川Bが河川Aよりも27倍大きく，平常時には河川Bの方が濁っている．

これらの特徴は流域の地形や土地利用を反映している．河川Aは急峻な山岳地帯を源流とするため，普段は清浄であるものの洪水時に表面浸食が進みやすい．河川Bは流域に水田や市街地があるので日常的に濁っているものの，洪水時に地表面はあまり浸食されない．流域の12河川で L-Q 式の特性値と地理的特性との関係を調べたところ，土砂流出勾配は降雨，地形勾配，露岩・崩壊地面積などと正の相関があり，比低水土砂量は市街地，田畑・果樹園などの面積と正の相関が認められた．

(4) 河川中流部の河床変動

河道における掃流砂・浮遊砂の現場計測は容易ではない．ウォッシュロード（シルト・粘土）に関しては前述の濁度モニタリングにより計測できるが，河床材料の移動量を現場で知る有効な手立ては今のところ無い．そこで，過去の河床地形の変化を一次元河床変動計算により再現することで，流砂量の推定を試みた．対象区間は，山地から平野に切り替わる64 km地点を流入端として河口0 km地点までである（図4.35）．

筑後川では1887年（明治20年）から国の直轄による第一期改修工事がはじまり，以後，各種の治水・利水事業が実施された（表4.3）．1953年に既往最大洪水が発生し，引き続き河床の掘削と築堤が進められた．1960年代にはイン

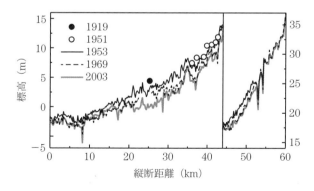

図4.35 筑後川の河床縦断図（低水路平均河床高）

表 4.3 筑後川の河川事業

西暦	和暦	災害,事業
1887	M20	下流浚渫（舟運）開始
1923	T12	高水対策の改修工事開始 （拡幅,築堤,捷水路開削）
1953	S28	既往最大洪水が発生
1953	S28	河道掘削,下流浚渫着手 干拓用の土砂採取 砂利採取が活発化
1968	S43	砂利採取規制
1969	S44	下筌ダム完成
1970	S45	松原ダム完成
1983	S58	筑後大堰完成

フラ整備のために砂利採取が活発に行われたが，河床低下が顕著になったため，建設省は1968年から採取を規制し2003年には停止させた．1969年以降は大型ダムが竣工した．1983年には塩害の防除，各種用水の取水のために23 km地点に河口取水堰（筑後大堰）が設置され，洪水疎通能力を増大させるために河道が拡幅された．なお，河床材料の変化として，1960年代は河口から36 kmまでの区間で0.1～1 mmの砂であったが，感潮域ではシルト・粘土に変化し，中流では粗粒化が進んだ．

次に，混合粒径を取り扱える一次元河床変動計算により，砂利採取量と流砂量を推定した[26]．このモデルでは河川工事や砂利採取などの土砂掘削を時期・区間ごとに設定できる．0.075 mm以下の成分については浮遊砂と区別して取り扱い，一旦浮上したら沈降しないこととした．はじめに，河床変動や工事掘削，砂利採取等のデータが揃っている1969年～2003年について再現計算を行い，計算精度を確認した．その上で，1957年～1968年の計算を実施し，砂利採取データが存在しない1965年以前の様子を推定した．

その結果，筑後川では50年間に3,500万 m^3 の砂が河道から除去され，3,300万 m^3 の河床低下が生じたと推測された（図4.36）．

25.5 km地点における流砂量は，1960年前後に年間15.3万 m^3 であり，2000年頃は5.4万 m^3 となった（図4.37）．これは，ダム群が生産土砂の約3割を捕

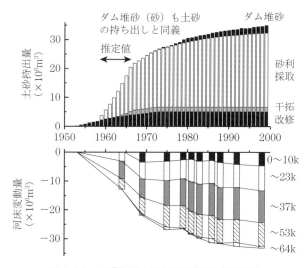

図4.36 事業掘削土量と河床変動の経年変化

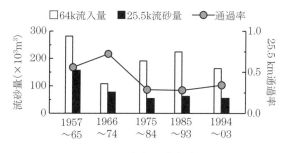

図4.37 流砂量の経年変化

捉していることや,中流部における河床の緩勾配化,河口域の河床低下などが影響している可能性がある.

(5) 河口域の土砂移動と地形変化

筑後川の河口域には砂と泥(粘着性土)が混在しており,また,洪水時と平常時にそれぞれ土砂移動が生ずるため,時間・空間・粒径をそれぞれ意識しながら現象を見る必要がある.

筑後川の感潮河道は23 kmであるが,このうちの河口0〜7 km区間の主たる

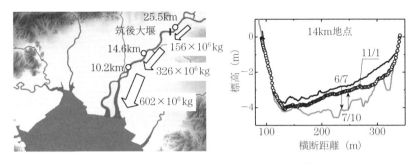

図4.38　河口域の洪水期のSS移動量(2006)と河床変動(2007)

河床材料は砂である．入江ら[27]は河口から4kmの地点で波長15m，波高2mの河床波を観測し，かなりの量の砂が筑後川から有明海に流出していると考察した．鈴木ら[28]は同じ4km地点において掃流砂センサーを河床に埋設し，洪水時に砂層が数十センチにわたって掃流され，さらに再堆積している様子を確認した．また，準三次元河床変動解析を行って，洪水時だけでなく日々の潮汐流によっても砂が河床波を形成しながら移動していると推定した．

10～16kmの区間は河床がシルト・粘土で覆われているが，この堆積層は厚さが1～2mであり，その下部には砂と硬い泥の互層が存在する．毎年，梅雨期(6～7月)には表面のシルト・粘土層はフラッシュされて，下部砂層が露出する．2007年には，10～16km区間の低水路平均河床高が洪水後に0.63～0.93m低下し，この区間の河床浸食量は132万m^3であった(図4.38右)．堆積土砂の中央粒径は0.01～0.02mmであり，含水比は概ね200%であったので，軟泥が全て水中に懸濁したと仮定すると6km区間におけるSS増加量は56万tonになる．

2006年の濁度モニタリングによれば，河川順流域からのSS供給量(25.5km通過量)は15.6万ton，10km地点のSS通過量は60.2万tonであり，2地点間のSS増加量は44.6万tonとなった(図4.38左)．年による洪水規模の違いはあるが，前述の浸食量とオーダー的に一致しており，洪水時に浸食された底泥がSSとなって下流に流出していることが分かる．また，筑後川でのSSの移動特性として，流域での生産量よりも感潮河道の底泥からの回帰量の方が多い．

なお，供給量よりも浸食量の方が大きければ河床が年々低下するはずだが，

実際の河床高はある変動の範囲内に収まっている．この理由を次に見ていく．

(6) 河口域の塩水遡上と高濁度水塊

河川感潮域では塩水くさびの先端付近に高濁度水塊が発生し，弱混合型の利根川河口域ではSSが約50 mg/lであり，緩混合型の多摩川では約150 mg/l，強混合型の白川では700 mg/l，有明海で最も潮位差が大きい六角川では20,000 mg/lになる．筑後川では基本的には強混合型の塩水遡上が生じており，塩分とSSの水深平均値の縦断図を図4.39に示す[29]．SSは塩分が0.5～1 psuとなる14 km付近でピークを示しており，塩水遡上の先端付近でSSが活発に輸送されていることが分かる．満潮時には高濁度領域が上流に移動し，その後粒子が沈降することでSSは低下する．

6.5 km地点の流速・SSの鉛直分布から水・SSの断面通過量を求めたところ（図4.40），一潮汐の累積水量はプラスであり，河川流量と概ね整合していた．感潮河道における流量は逆流の最大値が1,650 m^3/s，順流が1,900 m^3/sであり，筑後大堰からの淡水流量が約30 m^3/sであるから，潮汐往復流が支配的といえる．ちなみに，平均年最大流量は2,800 m^3/sであるため，筑後川の感潮河道では日々，ちょっとした洪水が発生しているのと同じである．

SSは逆流時の輸送量が順流時よりも約2倍大きく，12時間では内陸側に9,400 ton輸送される結果が得られた．つまり，平常時には潮汐往復流によってシルト・粘土が河口干潟から感潮河道に輸送され，塩水遡上の先端付近で沈降するため，感潮河道の10～16 km区間において徐々に底泥が堆積してゆく．

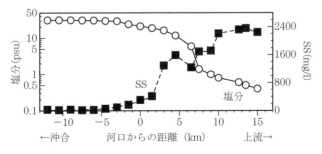

図4.39 河口干潟・感潮河道における塩分・SSの縦断分布（2002年9月23日，大潮）

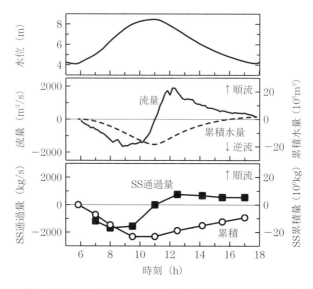

図4.40 大潮・一潮汐の水・SSフラックス（2002年9月24日，正が順流，負が逆流）

そして，これらの底泥は翌年の洪水でフラッシュされる．

このような河口域のSS動態は白川（強混合型）や多摩川（緩混合型）でも確認されている．河川の土砂輸送は洪水時の順流移動が支配的であるが，感潮河道ではそれに加えて潮汐流による土砂の往復移動を考慮することが望ましい．

column 4.3

河口域の水・懸濁物質・地形・生態系のつながり

最近では「水域の物理・化学的環境と生態系は密接に関連している」という認識が一般的になっている．社会的には，「森は海の恋人」と称して三陸のカキ養殖海域（宮城県気仙沼市）を良好に保つために流域（岩手県一関市）に植樹をする運動が1989年から続けられている．運動を主導する畠山重篤氏は，カキは汽水域に育つので川と海の両方が重要だといい，こうした理念は市民の間に広く定着している．学問的にはどうかというと，これを証明するのは壮大な課題であるが，環境水理学の目指すべき方向性の1つであることに間違いはないだろ

う．

　有明海と筑後川河口域で仔稚魚の初期生態史を1970年代から30年間にわたって研究してきた田中克・京都大学名誉教授によれば，河口の高濁度域にはカイアシ類（動物プランクトン）が豊富に存在し，彼らは有機物を多く含む懸濁物を摂餌し，それをエツ（カタクチイワシ科の汽水魚）やスズキが捕食して成長しているのだという．環境水理学のアプローチからは，塩水の混合形態と高濁度水塊の発達過程の関係，流速や濁り（透明度）と植物プランクトンの増殖・死滅の対応，それらと底泥堆積の関係が明らかにされつつある．特に，地形と流れが生物活動を規定し，その一方で生物が地形形成に貢献して流れを変化させる，という相互作用は興味深い．

　河口域に限ってもまだまだ調べるべきことはたくさんあり，流域圏という広い領域を対象にするとさらに奥が深くなってゆく．

4.3.6　流域スケールでの土砂・懸濁物質収支を把握する上での注意事項

　流域スケールでの土砂・懸濁物質収支を把握する上での注意事項について，土砂生産域，河道域，湖沼などの停滞水域に大別して紹介する．

　土砂生産の量や場所を適切に見積もることは非常に難しい．特に工学的に重要となる一出水～100年ぐらいの時間スケールで，数10 mスケールの空間的な分解能での土砂生産の量と場所の予測は，外力（降雨や地震等）や地質などの不確定要素の影響を強く受けるため，精度の高い予測は難しい．そのため，空間的スケール，時間的スケール，もしくは両方の少し大きくした予測となる．ただし，ある特定の斜面に対して，これらの不確定要素について十分なデータが得られた場合は，かなり精度良く土砂生産量を予測することが可能である．

　河道域は，人的な影響が土砂収支に強く影響を与えている．最も大きな影響は砂利採取である．現在の日本国内の河川の多くが高度経済成長期以前の河床位に比べて低くなっている．これは，高度経済成長期にコンクリートの骨材として大量の土砂を河川から採取したためである．また，ダム貯水池や砂防ダム等の河川横断構造物は，下流域への土砂量を減少させたり，土砂流出のタイミ

ングを遅れさせたりするため，河道域の土砂収支を考える上で無視できず，河道内の土砂量の土砂収支には大きな影響を与える．

　河川上・中流域には河床から岩が露出している領域がある．また，ステッププールなどが形成されている領域では，河床を構成している大礫が動くような出水はまれであるため，岩などが固定床として働くこととなる．このような場では，掃流力に対応しただけの土砂が存在せず，流砂量が平衡流砂量よりも少なくなる．河床形態や流路形態も土砂収支に大きな影響を及ぼす．河道域の土砂収支の計算では，矩形断面を仮定した一次元河床変動解析が良く行われる．しかし，砂州を有する河道では，河道横断形状を矩形断面に近似することにより，最も流砂量の多い最深部の水深を浅く見積もるため，断面平均流砂量は減少する．また，河床材料の粒径も土砂収支に強く影響を与える．一般に，河床形状，水位，流量データは良く得られているが，河床材料の粒径データが非常に少なく，流砂量を適切に見積もることが困難である場合が多い．

演　習　問　題

(1) 川幅が水深に比べて十分に広く，河床勾配が1/900，河床材料の直径が0.5 mmの自然河川で洪水が発生した．洪水観測を行ったところ，水深は3.0 m，断面平均流速は2.0 m/sとなった．等流を仮定して以下の問いに答えよ．

1) マニングの粗度係数nを求めよ．
2) 水路床や河床の凹凸高さを表す相当粗度k_sとマニングの粗度係数nの関係は以下のように表される．

$$\frac{n\sqrt{g}}{k_s^{\frac{1}{6}}} = \frac{1}{7.66} \rightarrow n = 0.0417 k_s^{\frac{1}{6}}$$

この関係式を用いて，洪水観測により推測された粗度係数nから相当粗度k_sを求めよ

3) 相当粗度k_sは壁面に粒子を貼り付けて凹凸を作ったときの凹凸高さ，すなわち粒径と同じオーダーである．上記2)で得られた凹凸高さは河床材

料の粒径よりも何倍大きいか．また，その違いの原因は何であるか，現場の河床状況を想像して考察せよ．

(2) 上流端の川幅B_1が300 m，下流端の川幅B_2が400 m，河床勾配i_bが1/1000の広幅矩形断面水路に流量Qが2000 m³/sで流下している．水路の流下方向長さΔxが1 kmのとき，48時間後の河床位の変動量Δz_bを求める．以下の問いに沿って答えよ．ただし，上流端と下流端の流れ場は等流状態とする．また，無次元限界掃流力τ_{*c}は0.05，地盤の空隙率λは0.4を用い，河床砂は粒径dが5 mmの一様砂，砂の水中比重sは1.65，重力加速度gは9.8 m/s²，Manningの粗度係数nは0.03 m$^{-1/3}$sとする．

1) 上流端と下流端における無次元掃流力τ_{*1}，τ_{*2}を求めよ．
2) 上流端と下流端における単位幅流砂量q_{b1}，q_{b2}を以下のMPM式により求めよ．

    MPM式：$q_b = 8(\tau_* - \tau_{*c})^{1.5}\sqrt{sgd^3}$

3) 上流端と下流端における土砂の流入と流出の収支から48時間後の河床位の変動量Δz_bを求めよ．ただし，上流端と下流端の流砂量は時間的に変化しないものとする．

第5章
水質の動態と生態系

5.1 流域圏における水質・生態系に関わる諸問題

5.1.1 水質と生態系とは

　水域における汚染・汚濁状況や栄養状態の基本的な指標となる**水質**(water quality)は，水中にどの程度の化学的成分(元素)が含まれているかを示す．この元素のうち生物活動に必須な物質は「親生元素」と呼ばれ，生体を構成する重要な要素である．親生元素には，炭素C・窒素N・リンPに加えて，水素・酸素・マグネシウム・鉄などが含まれる．流域圏の中では，これらの元素は，水循環に伴って移動しながら，その場の環境に応じて形態を変えて存在している．これを物質循環という．この物質循環は様々な人為的影響によりその一部が変化し，富栄養化を始めとする水質汚濁問題が河川，湖沼，内湾において発生し，現在でも改善されていない課題も多い．

　この炭素・窒素・リンは，**図5.1**に示すように，地球上では**有機態**(organic)および**無機態**(inorganic)として存在する．この有機態物質(有機物)とは炭素Cを含む化合物であり(COやCO_2等は除く)，生物体を構成・組織している．それ以外の物質が無機態物質(無機物)となる．また，もう一つの分類として，**粒子性**(もしくは懸濁性，particulate)と**溶存性**(dissolved)がある．これは孔径$0.45 \sim 1 \mu m$のろ紙でろ過して，残留物を粒子性，通過したものを溶存性と呼ぶ．環境水理学では，その挙動の違いから，水中での移流拡散輸送に追随する溶存性と，この輸送に加えて浮遊や沈降による鉛直輸送が生じる粒子性を区

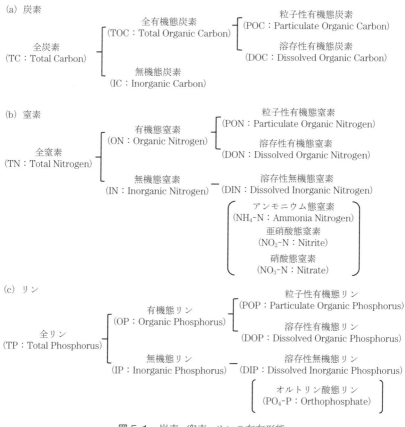

図5.1 炭素・窒素・リンの存在形態

別することは重要となる．有機物を例に，河川上流〜下流域における存在形態の変遷を見てみる．河川上流部における有機物は粒子性のものが多く，そのほとんどが破砕した枝・葉や土砂に含まれる有機成分(リグニン，タンニン，フミン物質，腐植物質等)である．一方，それらが中下流へと下っていくと，有機物は分解され，粒子性の一部は溶存性になり，その**溶存性有機物**(dissolved organic matter)の一部は無機態へと変化する．

一方，生態系は，生物と，生物が生育・生息する環境の両者より成り立っている．生物が生育・生息する環境は**ハビタット**(habitat)とも呼ばれ生態系の基本基盤となっている．図5.2に示すように，一般に，ピラミッド状の生態

第5章 ■ 水質の動態と生態系

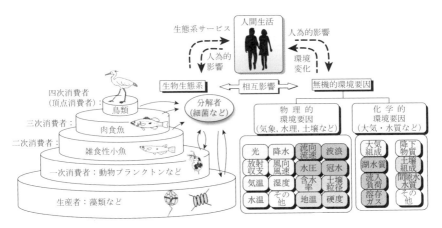

図5.2　水圏生態系と環境要因の関係

系が形成される．生態系ピラミッドの基盤は，無機物から有機物を生産する**生産者**（producer）である．そこに生産者を採餌する**消費者**（consumer），さらにその消費者を捕食する第二次以上の消費者が多段で生態的に上位に積み重なる．生態系はハビタットの環境要因と相互に影響し，生態的な動的平衡状態（恒常性）にある．現実的には，生態系や環境要因は人間活動と相互に影響を受けており，人間活動もそれらに含まれている考え方が主流である．生態系の機能の中で人の生活に恩恵をもたらすものを**生態系サービス**（ecosystem service）といい，生態系の価値の指標として着目されている（column 5.1参照）．

5.1.2　水質・生態系に関わる諸問題

流域圏では，河川を大動脈として，水・物質の循環が活発に行われている．しかし，人間活動による陸域からの負荷増大や河川におけるダム・堰に代表される横断構造物の設置によって，流域圏の水・物質循環は大きく変化した．その結果として，1950～1970年代の高度成長期には河川水質の悪化が大きな社会問題となった．その後，流域における下水処理施設の着実な整備や水質総量規制によって，1980年代以降は河川の水質は回復傾向にある．一方で，湖沼・沿岸域の水質は横ばい状態である．図5.3に1971～2009年における東京都多摩川における**生物化学的酸素要求量**（BOD：Biochemical Oxygen Demand）

および，千葉県印旛沼における**化学的酸素要求量**(COD：Chemical Oxygen Demand)の推移を示す．BODとCODは有機汚濁指標であり，詳細は5.2.2(5)に示す．このように，日本の河川の水質は劇的に改善している一方，湖沼では1980年代以降に水質が大きく変動するものの，明確な改善傾向は見られない．これは，湖沼や内湾では，河川と比べて滞留時間が非常に長く一度生じた汚濁状況が長期化しやすいのに加えて，水質と合わせて汚濁化した底質からの溶出等の影響が長期化するためであると考えられる．

また，生態系に着目してみると，河川水質が改善し，沿岸域への汚濁負荷は

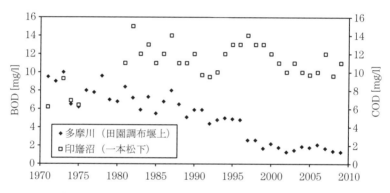

図5.3 多摩川(田園調布堰上)のBODと印旛沼(一本松下)のCODの経年変化

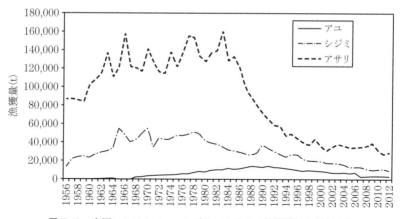

図5.4 全国におけるアユ，シジミ，アサリの総漁獲量の経年変化

減少しているにも関わらず，沿岸域でのアサリ・シジミの漁獲量や河川でのアユの漁獲量は低下している（図5.4）．このような生態系劣化の原因を一つに特定することは難しいものの，流域圏での水・物質の動態が大きく変化したことが一因と考えられる．また，ダム貯水池，湖沼，沿岸域などの停滞水域では依然として，富栄養化や貧酸素化といった水質の問題を抱えている．

column 5.1

生態系サービス

　2001〜2005年にかけて，国連の呼びかけで95ヵ国1,300人以上の科学者によって行われたミレニアム生態系評価（Millennium Ecosystem Assessment）により，生態系の変化が人間の生活の豊かさ（human well-being）にどのような影響を及ぼすのかが示され，生態系サービスの価値の考慮や損なわれた生態系の回復などが提言された．生物多様性は，無償で人間社会に有益な恵みを提供しており，人間社会はそれらにより支えられているという考え方である．生態系サービスは4種類あり，それぞれ選択可能な形で，各種の人間生活にサービスを提供している．基盤サービスは，光合成（**一次生産**, primary production）や水の循環，窒素・リンなどの栄養塩の循環など，他のサービスの基盤となるサービスである．供給サービスは食糧，燃料，水など，人間の生活にとって重要な資源を供給するサービスである．調整サービスは水，大気，廃棄物などを浄化し，水の流れを調整し，土壌浸食を制御するなど自然の営みを制御することによって，人間が得られるサービスである．文化的サービスはレクリエーション，水文化や様々な精神的価値など，生態系から得られる様々な非物質的な恵みである．サービスは経済的に評価され，地球全体のサービスは1年間に約3,300兆円の価値を創出し，湿地帯のサービスは1haあたり400万円と積算されている．

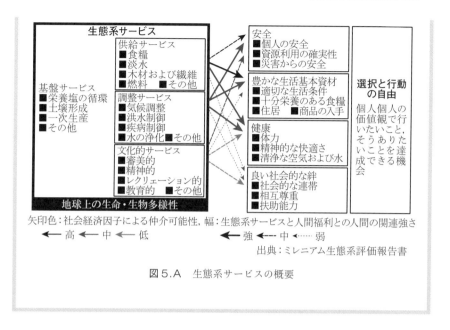

図5.A　生態系サービスの概要

5.2 水質と生態系の基礎

5.2.1 炭素，窒素，リンについて

(1) 炭素

炭素は，地球上に存在する元素の中で15番目に量が多く，約9割が地殻に存在している．**炭素循環**(carbon cycle)としては，大気・水域・陸域にて，炭素は生物的・化学的(生化学的)な反応を受けて状態を変化させながら水と共に移動している．炭素循環を構成するプロセスとして，①大気―海洋間のCO_2交換，②海洋における**表層水**(surface water)と**深層水**(deep water，中層・深層の長期貯蔵庫と呼ばれる)の間の循環によるCO_2交換，③陸域での森林破壊などの土地利用変化に伴うCO_2吸収・排出，④陸上植物の光合成によるCO_2吸収，⑤木材や土壌内の長期貯蔵庫への植物炭素の移動，が重要な項目として挙げられる．

地球規模での炭素循環としては，IPCCの第五次報告書[1]によると，産業革命以降に**化石燃料**(fossil fuel)などによる炭素放出量が7.8PgC/yrとなるのに

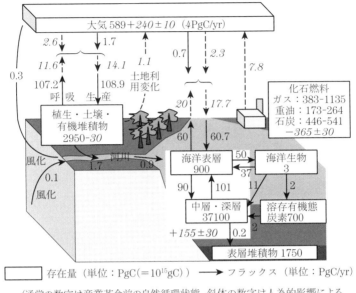

図5.5 炭素の循環[1]

対して,海洋および陸地による炭素吸収がそれぞれ2.3,2.6PgC/yrであり,土地利用変化も考慮すると年間4PgCで大気中の炭素が増加していることを指摘している(図5.5).

(2) 窒素

窒素は,図5.6に示すように,無機態のアンモニア態窒素NH_4-N,硝酸態窒素NO_3-N,亜硝酸態窒素NO_2-N,有機態窒素,窒素ガスとして地球上に存在し,大気・水域・陸域において生物的・化学的反応を受け複雑に変化している.降雨と共に河川に供給された硝酸態窒素およびアンモニア態窒素は生物の増殖によって取り込まれ,有機態窒素となる.その後,生物は枯死して**デトリタス**(detritus,生物遺体や破片,排泄物等の総称)となり,微生物の分解を受けて無機態窒素となる.また,湖沼・河口・沿岸海域の堆積物中では,脱窒菌によって硝酸の窒素ガスへの脱窒が起こり,窒素が制限となる微生物の増殖において

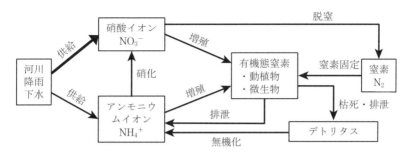

図5.6　窒素の形態変化

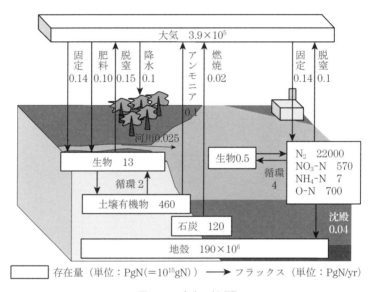

図5.7　窒素の循環[2]

窒素固定 (nitrogen fixation) が起こる．これら窒素固定と脱窒の両現象は無酸素状態で起こりうる．好気状態では，アンモニア態窒素が硝酸態窒素に変換される**硝化** (nitrification) が起こる．

図5.7に地球上の窒素収支を示す[2]．大気の78%が窒素から成るため，窒素に関しては大気圏が貯蔵庫となっている．これらの窒素が生物固定や降水によって陸域に供給される．窒素に関しては，肥料のための工業的な窒素固定の量が自然界におけるその量に匹敵しており，自然界の窒素循環を大きく変えて

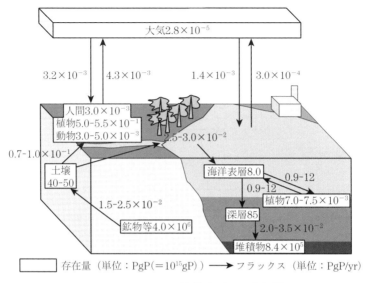

図5.8 リンの循環（文献3),4)に一部加筆）

いる．これが水域の富栄養化の一因と考えられる．

(3) リン

リンは，生体中では脂質やDNAを構成する元素として重要な役割を果たす．日本国内の湖沼や沿岸域では，窒素などの他の生元素に比べてリンが存在する割合が相対的に低く，水域内生産の制限要因となっている場合が多い．溶存性無機態リンDIPの大部分は，pHなどによりPO_4^{3-}やHPO_4^{2-}等となるが，これらは通常リン酸と総称され，PO_4-Pと略記される．水中のPO_4-Pは主に微生物の増殖により取り込まれ，粒子性有機態リンPOPとなる．粒子性には金属水酸化物や鉱物に吸着している無機態リンPIPが存在するが，実用上分画が難しい場合には両者を合わせてPP（particulate phosphorus）と表記されることも多い．粒子性リンPPは細菌等の働きにより，溶存性有機態リンDOPや溶存性無機態リンDIPへ分解される．

リン循環の特徴として，大気の役割が量的に重要ではないことが挙げられる．そのため，降水や浮遊粒子状物質等を介する以外，水面におけるリンの輸送は

無視される．また，溶存性と粒子性との交換過程，例えば水酸化鉄との吸脱着や微生物細胞からの排出などは酸化還元条件に強く依存しており，比較的短時間で応答することもリン循環の特徴である．地球規模でのリン循環を図5.8に示す．リンは主にリン鉱石の採掘や風化により供給され，施肥等により土壌や河川・湖沼に供給される．一部は陸生生物との授受に利用され，一部は河川等を通じて沿岸域に流出する．日本では，産業資源リン鉱石としては全く産出がなく，必要原料を全て輸入しているため，近年枯渇が憂慮される元素の一つとしても注目が集まっている．

5.2.2 基礎的な水質項目

(1) 溶存酸素量

酸素は多くの生物的・化学的反応に関与しており，**溶存酸素量**DO (dissolved oxygen) は水圏の生物に必要不可欠である．水域において酸素は生物の呼吸や化学的過程によって消費され，大気からの吸収 (**再曝気**, reaeration) や光合成によって供給され，このバランスによりDOは決まる．飽和溶存酸素量は気圧，水温，塩分などにより変化するため，DOを飽和溶存酸素量に対する割合として表すことも多い．飽和溶存酸素量をDO_s[mg/l]，水温をT[℃]，塩分をS[mg/l]，気圧をp[mmHg]，その温度における飽和蒸気圧をp_w[mmHg]とすると，次の近似式が得られる[5]．

$$DO_s = \frac{0.678(p-p_w)(1-S\times 10^{-5})}{T+3.5} \tag{5.1}$$

河川や湖沼におけるDOは付着藻類やプランクトンの光合成や呼吸により大きく日変化する．図5.9に多摩川中流域の下奥多摩橋付近におけるDOとその飽和度の日変化を示す[6]．これより，日中は付着藻類の光合成が活発に行われるためDOは増加し，その飽和度は100%を超えるが，光合成が行われない夜間では呼吸によりDOは減少する．また，深い湖沼や沿岸域などでは，図5.10に示すように鉛直方向にDOは変化する．底層では光が届かず光合成が行われない上に，微生物が有機物の分解に酸素を消費するため，DOが減少する．さらに，ある程度の水深のある水域では夏季に水温躍層 (3.2.2 (2) 参照) が形

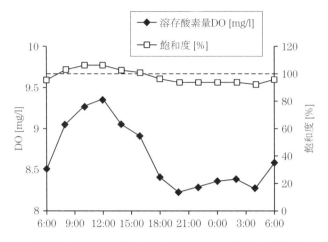

図5.9 多摩川中流域におけるDOとその飽和度の日変化[6]

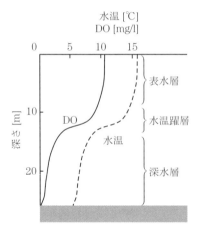

図5.10 深い湖沼や沿岸域における夏季の水温・DOの鉛直分布

成され,表層と底層の鉛直混合が抑えられるため,底層ではDOが2〜3mg/l以下となる**貧酸素水塊**(anoxic water)が形成される.貧酸素水塊は,その場の生物の死滅や生物多様性の低下を引き起こすため,水産物の収穫量に大きな影響を与える.

(2) pH

pHは，水中の酸性度・塩基性度の尺度として，以下のように定義される[7].

$$\mathrm{pH} = -\log([\mathrm{H}^+]) \tag{5.2}$$

これは，水のイオン積から算出される方法である．一般に酸と塩基の定義では「物質が共有結合を形成する際に，他の物質から電子対を受け取るものが酸であり，他の物質に電子対を与えるのが塩基である」としている．つまり，酸は電子受容体，塩基は電子供与体となる．水は自己解離（電離）して水素イオン$[\mathrm{H}^+]$と水酸化物イオン$[\mathrm{OH}^-]$が生じ，この平衡定数Kは以下となり，

$$K = [\mathrm{H}^+][\mathrm{OH}^-]/[\mathrm{H}_2\mathrm{O}] \tag{5.3}$$

$[\mathrm{H}_2\mathrm{O}]$は一定とみなし，

$$K_w = [\mathrm{H}^+][\mathrm{OH}^-] \tag{5.4}$$

このイオン積K_wは一定温度では一定値となり，水温25℃で$K_w=10^{-14}$となり，純水では$[\mathrm{H}^+]=[\mathrm{OH}^-]$なので

$$[\mathrm{H}^+][\mathrm{OH}^-] = [\mathrm{H}^+]^2 = K_w = 10^{-14} \quad \therefore [\mathrm{H}^+] = 10^{-7} \tag{5.5}$$

$$\mathrm{pH} = -\log[\mathrm{H}^+] = -\log 10^{-7} = 7 \tag{5.6}$$

となり，純水のpHは7となる．しかし，実際の水環境中では，様々な物質が存在するため，この平衡が大きく変化する．その場合，pHの式は水素イオンの活量a_H（＝活量係数f×水素イオン濃度$[\mathrm{H}^+]$）の常用対数として定義される．

$$\mathrm{pH} = -\log a_H = -\log(f \times [\mathrm{H}^+]) \tag{5.7}$$

自然水域におけるpHの変化は炭酸系イオンと関係がある（図5.11）．海洋ではpHは約8.2なので，主要な海水に溶けた二酸化炭素は①溶存炭酸ガス$(\mathrm{H}_2\mathrm{CO}_3)$，②炭酸水素イオン（＝重炭酸イオン）$(\mathrm{HCO}_3^-)$，③炭酸イオン$(\mathrm{CO}_3^{2-})$で構成される．例えば，二酸化炭素が増加すると炭酸水素イオンと水素イオンが生成され，pHは低くなる．一方，湖沼や河川では，夏季成層期における表

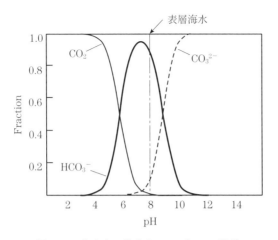

図 5.11　海水中の炭酸系イオンと pH の関係

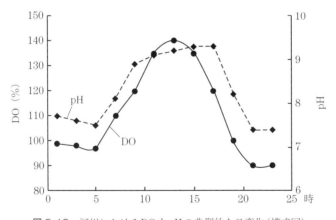

図 5.12　河川における DO と pH の典型的な日変化（模式図）

層では植物プランクトンの光合成により二酸化炭素が消費されアルカリ側に，底層では死滅したプランクトンの分解に伴い二酸化炭素や有機酸（フミン酸，腐植酸などの溶存性有機物）が生成され酸性側となる．河川でも，水深が浅い場所では，河床における付着藻類の光合成のために pH が高くなり，同時に DO も高くなる（図 5.12）．上記のほかに，有機物の分解により生成されたアンモニア態窒素は硝化により硝酸態窒素（NO_3-N）に変化し，その過程では水

素イオンが増加しpHは低下する．

　代表的な河川・湖沼のpH（年平均，河川では自流区域内測定）は，石狩川6.5，利根川7.1，淀川7.4，山中湖7.3（湖心夏季），琵琶湖8.3（北湖表層）である．ただし，鉱山地帯や強酸性の温泉が流れ込むような場所（例えば猪苗代湖pH5）では酸性となる．強酸性の鉱泉水が流入する場所では，強制的な中和処理事業（国土交通省）が進められている[8],[9]．このようにpHは水域の物質変換過程の状態を表し，河川・湖沼における環境基準では類型別に定められており，「6.5（湖沼C類型6.0）〜8.5」が地域の状況により当てはめられ，環境浄化策を講じる上で重要な指標である．

(3) 電気伝導率EC

　EC（electric conductivity，電気伝導率）は水の汚れを簡単に計測できる基本指標の一つである．ECは2つの電極間にある水塊が持つ電気抵抗の逆数で定義され，その水塊の通電性を表わす尺度となる．流域圏を循環する水は，土壌や岩盤中を通過する過程で，また農地や工場からの排水流入など人為的な影響を受けて，様々な物質を溶かしながら河口に至る．ECは水に溶け込んだ電解質の総量を表す指標なので，水塊の汚濁の程度が概略として把握できる．ただし，どのような物質が溶解しているのかを知ることはできず，また非電解質はECに反映されないことから，別途，より詳細な水質分析が必要となる．

　ECの単位は，環境分野では一般的にμS/cm（マイクロジーメンス/センチメートル）が用いられる．また，水温により値が変化するため，通常は25°Cに換算された補正値で表示される．

　図5.13にECと河口からの距離の関係を例示する．これは兵庫県揖保川（流域面積810km^2，**図**3.22）における2007年5月晴天時の観測値である．これより，ECは流下に伴って概ね上昇を示す．また，支川や本川上流ではECが異なっており，それぞれの河川の汚濁度が異なることが示唆された．

　ECは流域面積や地質，土地利用形態等により異なるが，概ね，雨水：10μS/cmのオーダー，河川上流：50〜100μS/cm，下流：200〜400μS/cm，河口域：数千〜10,000μS/cmのオーダー，となっている．

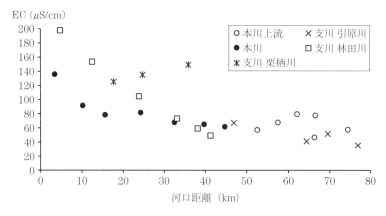

図 5.13　EC と河口距離との関係（揖保川，2007 年 5 月 19-20 日，晴天時）

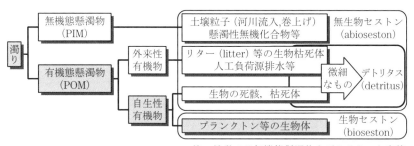

図 5.14　水中の濁りを形成する物質の分類

(4) 濁り

　水中の濁りを形成する物質の分類を図 5.14 に示す．濁りはまず無機態と有機態に分けられ，有機性の懸濁物は水域内で生産される自生性の有機物と水域外から供給される外来性の有機物に分けられる．

　懸濁物は，藻類の光合成の妨げになり，また沈降して底面に堆積し酸素消費が活発に行われる．さらに，生物体に取り込まれるなど，物質動態や生態系に大きく関与している．濁りの指標として**濁度**(turbidity)，透明度，透視度がある．また，質量で表す指標として**浮遊物質量**(SS：suspended solid)があり，環境基準項目となっている．

表5.1 有機汚濁指標の特徴[10]～[13]

項目	反応時間・温度	酸化剤	適用試水	妨害物質	有機物以外正因子
COD_{Mn}	30分 100℃	$KMnO_4$	湖沼	塩素イオン	無機態還元物質
COD_{OH}	20分 100℃	$KMnO_4$	海域	鉄イオン	無機態還元物質
COD_{Cr}	2時間 100℃	$K_2Cr_2O_7$	湖沼・海域	塩化物イオン	
BOD	5日間 20℃	なし	河川	重金属	硝化, 無機態還元物質(鉄, マンガン)
TOC	燃焼2分	なし	河川・湖沼・海域	塩素系酸や塩類	シアン化合物

(5) 有機汚濁指標

水中の有機汚濁量の評価指標は，古くから上水・下水試験法の分野で用いられてきた．現在では，COD，BOD，TOCなどの指標が提案されている．その中で，法規制（環境基準）では，CODが湖沼・海域に，BODが河川にそれぞれ使用されている．また，水道法では，CODに代わりTOCが平成15年5月から用いられている（表5.1[10]～[13]）．TOCは試料中の有機物を高温（650～950℃）で燃焼させて二酸化炭素とし，赤外線ガス分析装置で測定し試料中の全炭素を求める．日本では，同じ有機物であっても河川を流れている時はBOD，湖沼に入ればCOD_{Mn}，海域に入ればCOD_{Mn}およびCOD_{OH}となり，指標間には明確な相関関係はない（Mn：硫酸酸性下過マンガン酸カリウム，OH：アルカリ性下過マンガン酸カリウム）．TOCは有機物の酸化（燃焼）がほぼ100％可能であり，BODやCODといった微生物や酸化剤の能力に影響を受ける方法と異なり，直接水中の有機物炭素量を測定する方法として，有機汚濁を表す最も有効な指標の一つといえる．

一方，有機汚濁指標を用いた河川・湖沼の調査では，有機物の質までは議論できない．例えば，琵琶湖ではBODの経年変化は横ばいであるのにCODが高

くなるなどの現象も見られ，有機物の質評価も重要である．このCOD増加は，微生物等による分解が極めて遅い**難分解性有機物**(refractory organic substances)に起因している．難分解性有機物には，環境中の天然高分子かつ難分解性で存在するものとしてフミン酸や腐植酸が挙げられる．例えば，琵琶湖では全有機物量の75～85％が，霞ヶ浦では65～95％が難分解性有機物と報告されている[14),15)]．

column 5.2
安定同位体比

元素の中には，陽子の数が同じで，中性子の数が異なるために，同じ性質をもちながら質量数が異なるものがある．これを同位体といい，同位体には放射能を持つ放射性同位体と持たない安定同位体の二つがある．安定同位体は水素，酸素，炭素，窒素，硫黄，塩素などに存在し，中性子数の違いにより質量数が異なることにより化学的・物理的反応に違いが生じる（同位体効果）．同位体効果により，物質の同位体比は標準試料の値からわずかに変化する．このわずかな違いを表現するために，以下の式で定義される標準試料の安定同位体比に対する千分率偏差δによって表わされる．例えば，窒素であれば以下のようになる．

$$R^N = \frac{^{15}N}{^{14}N} \qquad \delta^{15}N = \left(\frac{R_X^N}{R_S^N} - 1 \right) \times 1000 [‰]$$

ここで下付き文字XとSはそれぞれ未知試料と同位体比既知の標準試料を表す．水域の生態系や栄養塩動態に深く関わる安定同位体として窒素安定同位体が挙げられる．窒素は植物に固定され，食物連鎖によって上位の生物に取り込まれる．生物に吸収された窒素安定同位体は濃縮することが知られており，栄養段階が1つ上がるごとに窒素安定同位体比が3.3‰高くなるとの報告もある[16)]．また，人為的に負荷される有機物等は高い窒素同位体比を持つことが知られている．一例とし

て，河床堆積有機物のδ^{15}N値と集水域内の単位面積あたりの窒素負荷量の関係を下図に示す[17].

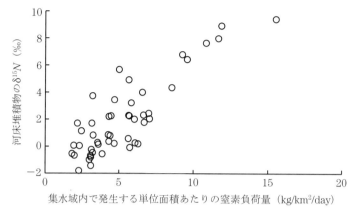

図5.B　河床堆積物のδ^{15}N値と集水域内の単位面積あたりの窒素負荷量の関係[17]

5.2.3　水域別の生態系基礎

(1) 河川生態系

　土砂や懸濁物質の輸送によって形成される河道形状や河床構造は，生物の生息を決定する重要な環境条件となる．上流から下流にかけて河床材料と河道の勾配によって区分される各セグメントでは，生息適性に応じた生態系から構成されている．Vannote et.al[18]が提唱した**河川連続体仮説（概念）（the river continuum concept）**では，河川の上流から下流まで連続している場合，底生動物の生息量が餌の供給量と共に変化することを明示している．この河川生態系を構成する主要な生物として，付着藻類・底生動物・魚類の3者が挙げられる．付着藻類は一般に一次生産者として重要な役割を果たし，上流域から供給される栄養塩や大気からの日射により成長する．この付着藻類は底生動物や魚類に捕食され，また一部は剥離しながら河床上にて成長する．底生動物は流下する有機物や付着藻類を餌にして成長し，魚類に捕食される個体もあり，この3者は有機的に連動しているといえる（図5.15）．以下に，それらの生態学的特徴を記す．

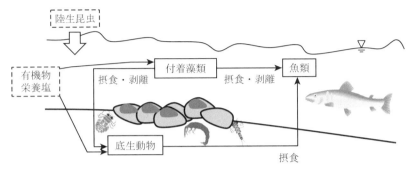

図5.15 河川生態系の概念図

1) 付着藻類

付着藻類は河床の石に付着し光合成を行うものであるが，様々なタイプの生活様式がある[19]．例えば，珪藻に関しては，図5.16(a)のように，固着型や柄型，ロゼッタ型，移動型および糸状型に分類される．珪藻以外にも緑藻や藍藻といった他の藻類も付着しており，それらを付着藻類と呼んでいる．付着藻類は群集を形成しながら発達する．まず，河床の石等の基質に平面的に密着するタイプが成長し，その後形成された柄が垂直方向に延び成長し群落を形成していく（図5.16(b)）．また，藻類組成の変遷では一般的に形成初期では珪藻が優占し，魚などにより摂食されるとその組成が変化し糸状藍藻が発達することが知られている．一方，出水時における流速や掃流砂量の増加により，河床の付着藻類は剥離・更新する．それ以外にも，底生動物や魚による捕食，さらに自然に剥離（自己剥離）する．現存量がクロロフィルaとして200〜250mg/m^2に達した場合，遮光効果や栄養塩不足等により付着藻類は剥離しやすくなる[20]．

このように，付着藻類の生活様式を把握することは，河川生態系における関わりや河川流況変化に伴う付着藻類への影響を考える上で重要である．

2) 底生動物

前述したように，河川連続体仮説では，河川の上・中・下流へと連続しているとすると，底生動物の生息量が餌供給量と共に縦断方向に変化する（図5.17）．上流では，外部から流入する落葉等の大きな有機物（CPOM, coarse

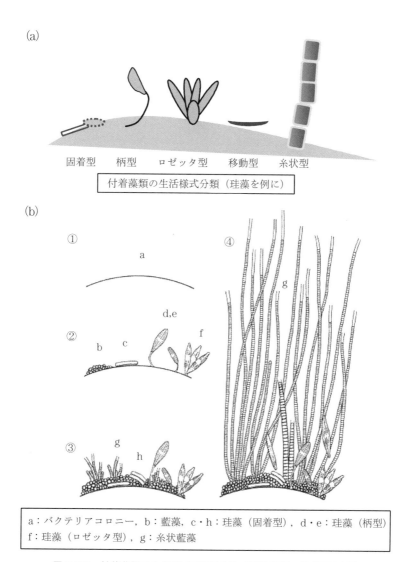

a：バクテリアコロニー，b：藍藻，c・h：珪藻（固着型），d・e：珪藻（柄型）
f：珪藻（ロゼッタ型），g：糸状藍藻

図5.16 付着藻類の生活様式分類(a)及び遷移過程の模式図(b)[19)]

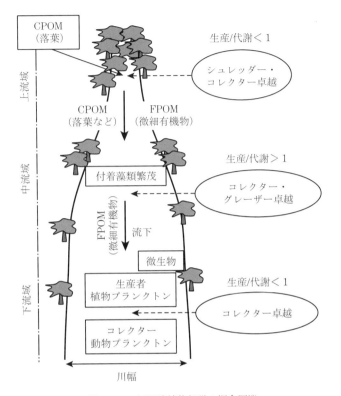

図 5.17　河川連続体仮説の概念図[18]

particulate organic matter, 粗粒状有機物) が餌起源であり, 落葉を餌とする破砕食者 (シュレッダー) が多い. 中流になると, 河畔林の影響も小さくなり日射が河床まで届き, 付着藻類の生産が高くなる. 底生動物もその付着藻類を食する剥取食者 (グレーザー) が多くなる. 最後に下流域では, 植物プランクトンの生産も多く, 小さい有機物 (FPOM, fine particulate organic matter, 細粒状有機物) が多くなり, それらを集めて食べる集積食者 (コレクター) が多くなる. このように, 底生動物は流速や水深などの物理環境だけでなく, そこに供給される餌の種類や量に支配されている. 摂食型の分類については Cummins[21] の提案を基礎に竹門[22] が消化管内の分析から上述した3つ以外に濾過食者, 捕食者, 腐生食者, 寄生食者の計7つの型に分類している. これらは,

表5.2 代表的な魚類の特徴(水野・御勢[23]より抜粋)

	ウグイ	タカハヤ	カワムツ	オイカワ	アユ
産卵場所	早瀬	淵の周辺やトロ	淵の周辺やトロ	平瀬	平瀬
産卵時期	4月下旬〜5月下旬	5月下旬〜7月上旬	5月下旬〜8月下旬	5月下旬〜8月下旬	11月中旬〜2月
成熟する令期	満2年	満2年	満2年	満2年	満1年
生息域(成魚)*	中流域Bb	上流域Aa-Bb山間部	中流域Bb	中流域の平野部Bb-Bc	中流域Bb-Bc
餌(成魚)	底生動物	雑食・藻類	陸生昆虫・藻類	藻類・雑食	藻類・底生動物

*)一蛇行区間における瀬と淵の存在状態により以下のように区分される.
- Aa型：一蛇行区間に瀬と淵が複数存在する(A型).また,段差をもって淵に落ち込む(a型).
- Bb型：一蛇行区間に瀬と淵が一個存在する(B型).また,波立ちながら淵に流れ込む(b型).
- Bc型：一蛇行区間に瀬と淵が一個存在する(B型).また,波立たずに淵に移行する(c型).
- Aa-Bb移行型：Aa型とBb型の中間的な形態をもった移行型.
- Bb-Bc移行型：Bb型とBc型の中間的な形態をもった移行型.

食物連鎖といった生態系の機能維持や物質循環の観点による評価に用いられる.

3) 魚類

我が国における代表的な淡水魚種の特徴を表5.2に示す.このように,魚は産卵されてから成魚になるまで同一の場所にいることは無く,回遊していることが多い.また,産卵場や生息場,餌も魚種により異なり,例えば,ウグイは底生動物(昆虫)を食べるのに対して,タカハヤやオイカワは付着藻類を食べ,これらの餌は季節や魚の令期によっても変化する.このように,魚類の生息場を評価するのは河川内の局所的な環境に着目するのでは無く,生活史に関連する様々な環境情報を用いて,河川への供給物質やその場の生息生物が有機的に連動していることを考える必要がある.一方,国交省ではこのような同一河川内の縦断方向における地形や勾配,河床材料等の河道特性と水温・水質・餌等の変化を類型化している.全国一級河川水系における河川水辺の国勢調査のう

ち，魚類調査結果を類型化した結果[24]，同一水系でも河口域と上流域の魚類は別の類型に分類されること，河口・汽水域の類型と上流域の類型は別の分布傾向があることを示している．今後は物理環境特性等による河川類型との比較が河川生物生息評価には重要であり，流域圏全体の環境水理学的視点からの情報も必要となる．

(2) 湖沼生態系

湖沼では，図5.18に示すように，**沿岸帯**(littoral zone)と**沖帯**(limnetic zone)という特徴の異なる生態系から構成される．沿岸帯は水深が浅く，通常，太陽光が十分湖底まで届き，沈水植物を含む水生植物群落が形成され，付着藻類，植物プランクトン，動物プランクトン，水生昆虫，両生類など生物群が豊富で，沖帯を含めた魚類の摂餌場，産卵場，稚魚生息場としても重要な役目を果たしている．また，栄養塩のストック場にもなっており，湖沼の富栄養化を調整・抑制する機能を有する．さらに，水域生態系と陸域生態系との移行帯（**エコトーン**，ecotone）として，昆虫や鳥類の行き来など両生態系が相互に関係を持ち生物多様性を維持するゾーンでもある．一方，広大な沖帯は水深が相対的に深く，主として表層は植物プランクトン，底層は有機物を分解するバクテリアの活動の場となっている．以下では，このような湖沼生態系を特徴づける植物プランクトン，動物プランクトン，水生植物について記述する．

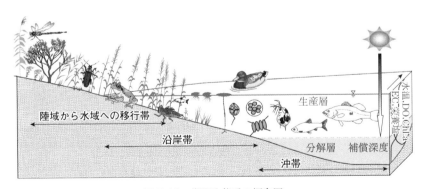

図5.18　湖沼生態系の概念図

1）植物プランクトン

湖沼で生育する植物プランクトンは珪藻，緑藻，藍藻が主であり，それらの競争により現存する植物プランクトン組成が決まる．以前は藍藻として分類されていたシアノバクテリアの存在も重要となる．**口絵5.1**に珪藻，緑藻，藍藻・シアノバクテリアの顕微鏡写真を示す．

植物プランクトンは水中で浮遊し生活している．植物プランクトンの沈降速度は水中重量と流体抵抗（主に摩擦抵抗∝表面積）に関係する．このように，体積に対する表面積の比は，沈降を遅らせるブレーキの指標になる[25]．以上の物理原理を最大限に活用するため，植物プランクトンはその体積を可能な限り小さくし，表面積を大きくした形状を取っている．また，細胞内にガス胞などの浮きや，鞭毛により遊泳して浮遊性を調整する種類も存在する（**図5.19**，**図5.20**）．さらに，表面積が大きいことは栄養塩の取り込みにも有利となる．

植物プランクトンは，太陽光のエネルギーから光合成により二酸化炭素と水を原料に有機物を生産する．光合成の化学反応式は次式に示す通りである．

$$12H_2O + 6CO_2 \rightarrow C_6H_{12}O_6 + 6O_2 + 6H_2O \tag{5.8}$$

光合成により生産された有機物は高次の生物（消費者）の餌となり，その際，消費される二酸化炭素，生産される酸素はpHやDOなどの水質を変化させ，水域生態系の構造を左右する．光が水中に透過し，光合成が行われ，有機物の分解量＋呼吸に必要なエネルギーの有機物量を上回り有機物が生産される層を**生産層**（production layer）という．有機物生産と分解がつり合う補償深度を境に，その下層は**分解層**（decomposition layer）となり，バクテリアや原生動物などによる有機物の分解，捕食が活発化し酸素が消費される．分解層では有機物から無機物（栄養塩など）への回帰が生じる．

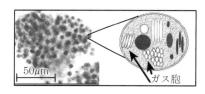

図5.19 *Microcystis*のガス胞

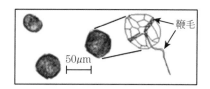

図5.20 *Peridinium*の鞭毛

生産層と分解層は，季節的な水温変化の中における成層期と循環期の遷移の過程で大きく変化する．湖沼における植物プランクトン組成の季節変動は，主にそれらが生育する表層水温の変化に支配されているが，成層期から循環期移行時の鉛直循環による深層水栄養塩の湧昇，梅雨・台風に伴う流入河川水の増加による湖内水の交換や栄養塩流入負荷量の増大によるハビタットリセット作用にも影響を受けている（図5.21）．

2）動物プランクトン

動物プランクトンは基本的に原生動物，袋（輪）形動物，節足動物からなり，その他の水生動物の幼生も含まれ，それらのサイズはμm～cmオーダーで幅広い．原生動物，輪形動物・節足動物の顕微鏡写真を口絵5.2に示す．

動物プランクトンは，湖沼では生産者の植物プランクトンの捕食者（消費者）となる一方，小型の魚類より捕食される．これらの特徴から，湖沼の物質循環における重要な橋渡し役となっており，動物プランクトン相の違いで水環境も変動する．このような食物連鎖に基づく第三者を介した間接的な効果を**栄養カスケード効果**（trophic cascade effect）と呼ぶ[26]．一例として，動物プランクトンである大型の*Daphnia*ミジンコが多く存在する水域では，シアノバクテリアの*Microcystis*群体が捕食されアオコの発生が抑制される．このような栄養カスケード効果を利用して，人為的に富栄養化を制御する**バイオマニピュレー**

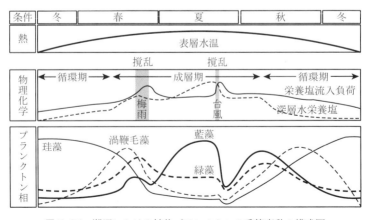

図5.21 湖沼における植物プランクトンの季節変動の模式図

ション(biomanipulation)が行われている.

3) 水生植物

　湖沼の水生植物は主に水位が浅く安定した沿岸帯に繁茂し，図5.22に示すように，底泥中に根を張り全体が水中に存在する沈水植物，茎や葉が水中から水面上に存在する抽水植物，水面に葉を浮かべる浮葉植物，また，全てが水面付近に浮遊する浮漂植物がある．水生植物群落は，湖沼の物質循環における有機物生産，栄養塩の一時的ストックとしてソース，シンクの両面の特徴を有する．また，生態的には魚類の産卵場・生育場，水生昆虫や動物プランクトンの生活及び捕食からのシェルターとしてのハビタット機能を持つ．水生植物に付着する藻類や原生動物も湖沼の物質循環や生態系に影響を及ぼしている．近年，抽水植物や沈水植物による水質浄化が各地で試みられるようになり，その効果も認められている．一方，外来種である沈水植物のコカナダモやオオカナダモが異常繁茂し，船舶の航行などに支障をきたしている．また，同じく外来種の浮漂植物(ホテイアオイやボタンウキクサ)の異常繁茂により，湖面が覆い尽くされ，水中の光合成量が減り，結果として貧酸素化が生じている．水生植物は，以前は，肥料に用いるために採取されていたが，現在では多くは採取されておらず，枯死して水生植物自身が栄養塩ソースとなり問題となっている．今後，枯死する前に系外に取り除き有効利用することで，生態系サービスの一つとして位置付けることが望ましい．

図5.22　水生植物の形態

（3）沿岸生態系

沿岸海域の生態系は，図5.23に示すように，**浮遊生態系**（pelagic ecosystem）と**底生生態系**（benthic ecosystem）から構成される．沿岸海域は，水質や底質の時間的・空間的変化が大きく，環境傾度の大きな水域である．沿岸の海水はほとんど塩水であるが，河川等からの淡水流入の影響を受けるため，外洋水よりもやや低塩分となっている．ただし，そこでの生物は，概ね海産種と考えて良い．また沿岸海域は外洋に比べて陸域からの栄養塩供給を直接的に受けるため，一般的には生産性が高く生物の多様性に富む水域である．一方で，陸域からの負荷による汚濁や浚渫・埋め立て等の人為的な改変も受けやすい水域でもある．

後述の栄養塩循環の視点から沿岸生態系を俯瞰すると，浮遊生態系では溶存性栄養塩を吸収して一次生産を行う植物プランクトンが起点となる．植物プランクトンの光合成により生産された有機物はより大型の原生動物や動物プランクトン，魚類等による捕食を通じて，より高次の生態系へと移行される．その間，各個体の死亡や排泄によりデトリタスが生産され，バクテリアによる分解を受け無機態へ回帰される．これに加え，バクテリアは摂取による溶存態の粒子化としての機能も有しており，ウィルス感染等により死亡してデトリタスへと移行する．

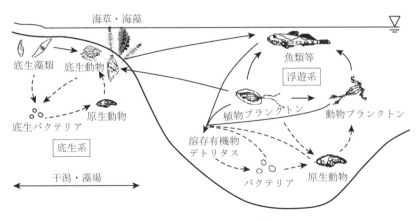

図5.23　沿岸生態系の概念図

水深が深く無光条件下における底生生態系では，浮遊している有機物を捕食する**懸濁物食者**(suspension feeder)や，水中からデトリタスの沈降等により供給された堆積物中の有機物を捕食する**堆積物食者**(deposit feeder)などによる**二次生産**(secondary production)が物質循環の起点と見なされる（二次生産者は図5.2の一次消費者に相当）．これら懸濁物食者や堆積物食者は二枚貝等の底生動物（図5.24）から構成される．これらは魚類等の捕食により高次の生態系へ移行する．沈降等により供給されたデトリタスは水中と同様に堆積物中のバクテリアによる分解を受ける．これらの物質循環過程は基本的には水中と同様であるが，富栄養化した沿岸海域では容積当たりの有機物含有量は水中に比べて堆積物中では1000倍以上高い．そのため，例えば，成層化した海域における底層水中の酸素は主に堆積物により消費され，堆積物が底層の貧酸素化を促進している．

一方，有光条件下の底生生態系は干潟や藻場等で見られる．干潟・藻場では，上述の底生生態系と同様の懸濁物食者や堆積物食者などによる二次生産に加え，底生・付着藻類や海草，海藻による一次生産が活発であり，これらを起点とした物質循環が構成される．また，藻場では，海草・海藻の根や葉からの栄養塩吸収，葉上付着藻類による栄養塩吸収など有光条件下の底生生態系特有の栄養塩循環も存在する．干潟では，潮汐に伴う間隙水の移流や鳥類による底生動物の捕食なども物質循環に大きく影響している．

図5.24 海底の二枚貝（アサリ，図中の黒い小石のようなもの）（愛知県水産試験場提供）

column 5.3
生物ポンプ

　表層(有光層)で植物プランクトンの光合成により生成された有機物は，動物プランクトンなどを介して粒子性有機態(デトリタス)として底層へと沈降する．この生物過程に依存した中・底層への物質の輸送を生物ポンプと呼ぶ．有機物は表層から底層へと沈降する間にバクテリアによる分解を受け，無機物へと変換される．一般的に表層では比較的有機態が多く，底層では無機態が多いが，生物ポンプはこのような表層と底層での有機態／無機態比の違いを形成する一つの要因と考えられる．

　表層で光合成が起こり中・底層へ沈降した後分解されれば，結果として表層の溶存性無機態炭素濃度は低下し，大気からの二酸化炭素の溶け込み量が増える．このように生物ポンプの有無で大気から(海)水への二酸化炭素の溶け込み量は変わるため，光合成による生産→死亡による沈降の過程を速めることができれば，大気中の二酸化炭素濃度の低下を期待できる．このような概念を元に，栄養塩濃度の低い外洋において窒素・リン・鉄などの制限栄養塩を添加することで生物ポンプを強化し，地球温暖化を抑制しようとする研究も行われている．

5.3　流域圏及び各水域における窒素・リン動態

5.3.1　流域での発生・排出負荷

(1) 点源・面源負荷の分類

　流域では，栄養塩や有機物などの汚濁物質が発生・排出されて自然水域に流入し，その量が水域の浄化機能を上回るほど大きくなると，河川や湖沼，内湾の水質は悪化する．これらの汚濁物質の発生・排出源は，**図5.25**に示すように，排出源を特定できる**点源負荷**(point source)と，その点源負荷の補集合で排出源を特定しにくい**面源負荷**(non-point source)から構成される．このうち

5.3 流域圏及び各水域における窒素・リン動態

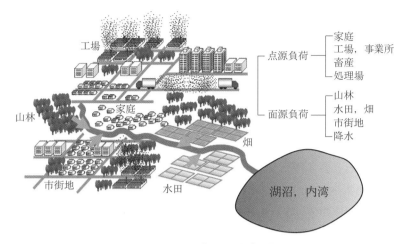

図5.25　点源負荷・面源負荷の概要

　前者の点源負荷は，家庭からの生活系負荷，工場・事業所からの産業系負荷，畜産系負荷等から構成される．これらの排水の一部は，下水処理場に集められて処理されて公共用水域に放流されるが，この下水処理場も特定される排出源であるため点源負荷と見なされる．一方，面源負荷としては，山林や水田，畑地，市街地等において堆積する汚濁物質が主として降水と共に流出する．この面源負荷では，市街地に堆積している人間活動由来の汚濁物質が多い一方，山林ではリターフォール（落枝葉）などの自然由来の窒素・リンが大半を占めており，陸上に存在する全ての栄養塩・有機物が汚濁物質と見なされる．また，大気からの降下物は非降水時の**乾性沈着**（dry calm）と降水時の**湿性沈着**（humid calm）により生じるが，これらも排出源そのものを特定できないため面源負荷に分類される．

　点源負荷の削減対策として，下水道整備の進展や水質総量規制等が着実に進められている．一方，面源負荷は，地表面上に広く薄く堆積している汚濁物質が対象となるため，これらを集中的に集めて処理・制御することは容易ではない．そのため，山林・水田・畑地・市街地における汚濁物質の発生・排出状況を把握することは重要であり，以下では，これらの概略を述べる．

(2) 山林

　我が国における山林の面積は約2500万haであり，これは日本の国土面積の約67%に相当する．山林における水・物質循環を考える上では，樹木の存在が大きな影響を与える．山林に降る雨や雪は，一部は木の葉や枝に遮断されてそのまま蒸発し，残りは樹冠を通過して林床に届く樹冠通過雨と枝や幹に沿って流れる樹幹流となる（合わせて林内雨と呼ぶ）．このような山林では，降水による樹林への湿性沈着と，大気中のエアロゾルの葉面や樹幹表面への乾性沈着により窒素は供給される．降水や大気中の栄養塩としては，化石燃料の燃焼により排出される窒素酸化物NO_Xが，光化学反応により硝酸や硫酸となり雨水や雲水に溶け込んでいるものである．これらの物質は降水や大気から森林の枝葉や樹幹に触れて，降雨・降雪などにより林床に降下しているため，林外雨と林内雨の水質は大きく異なる．また，森林植物は土壌から水と養分を吸収する一方，落葉・落枝により窒素，リンが土壌へ供給される．

　林床面に到達した水は，植物の根の吸収，粘土・腐植による陽イオンの置換吸着，土壌内の微生物活動等により浄化される．このため，山間部の渓流水の水質は一般に良好である．また，森林植生から土壌表面に供給される有機物は土壌中で分解され，アンモニアNH_4^+や硝酸NO_3^-が生成される．一部のNO_3^-は脱窒菌の働きで，窒素ガスN_2あるいは酸化窒素N_2Oの形で還元され大気中に脱窒する．一方，土壌中では分解されずに残った葉や溶存性有機物として土壌に蓄積した有機炭素は降雨に伴い森林表層もしくは深層から河川へ供給される．森林から供給されるこれらの物質には，森林にてストックされた各種有機物やイオンが含まれ，豊かな河川生態系を支える基となっている．

　しかしながら，降雨時には，山林土壌の浸食に伴って粒子性物質が多量に流出して濁水が形成される．この場合，窒素やリンも一時的に大きく増加するため，山林からの面源負荷も大きくなる．このような降雨時の汚濁負荷量は，山林の管理状態と密接に関係する．例えば，間伐が十分なされなかったり，遅れたりすると，樹木密度が増加して山林内部に太陽光が十分届かず，林内の下層植生が繁茂しなくなる．そのため，地表面が露出する形になり，山林土壌が流出・浸食しやすくなり，結果として面源負荷量の増大に繋がっている．

(3) 水田

2012年時点での日本の農地面積は455万haであり，これは国土面積の12.0％を占める[27]．このうち**水田**（paddy field）は247万ha，**畑地**（upland field）は208万haである．水田農業は大量の**農業用水**（agricultural water）を必要とすることから，利水・水循環は水田農業を抜きに語ることはできない．水田は**地下水涵養**（groundwater recharge）や洪水防止等の機能も有している一方，用水の水質レベルによっては水田が汚濁負荷排出源となり得る．

水田における水の流れとこれに伴う物質収支を図5.26に示す．水田に流入する窒素・リン負荷としては，降水負荷やかんがい用水による用水負荷，窒素固定菌等による大気からの窒素固定，そして肥料による負荷などが挙げられる．一方，水田から流出する窒素・リン負荷は，排水に伴う地表排出負荷，浸透排出負荷，水稲等による吸収，窒素については脱窒が考えられる．

水田から水域に排出される負荷を考えると，かんがい用水の負荷が無視できないため，排出される負荷量をそのまま扱う総排出負荷量と，用水負荷を差し引いた純排出負荷量の2通りの表現方法がある．前者は水田から流域に排出される負荷量を評価する場合に適当であり，後者は水田における水質改善対策の必要性を議論する場合などに有効である．なお，水田からの地表排出負荷は，通常，代かき期，中干しや稲刈り前の落水期に発生することが多く，時期による違いがあることも考慮する必要がある．また，水田は，土湿状態，かんがい

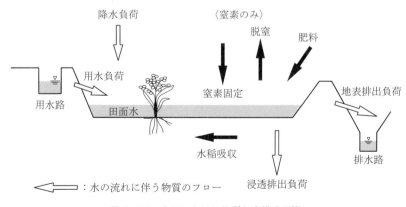

図5.26　水田における物質収支模式図[28]

方法,立地条件等により,乾田,普通田,湿田等に分類され,それらにより発生・排出する負荷も異なる.

(4) 畑地

畑地からの汚濁物質の流出過程としては,一般に浸透能が高いため地下水経由の浸透流出が主である.また,降雨強度や傾斜によっては表面土壌の浸食に伴う表面流出も生じる.さらに,風による浸食・飛散も生じることがある.

このような畑地で発生・排出される負荷量は,降水量・強度に左右されるほか,地形・傾斜,土壌,作付品目,施肥量等により異なる.畑地からの窒素・リン流出を抑制するためには,作付品目や土壌残存窒素量を考慮して適切な施肥量を与えることが重要となる.一般に,施肥量が多いほど排出負荷量が多くなり,施肥量の30〜35%程度が排出負荷量となることが多い[29),30)].

畑地は,水田のように水を湛水することはないので,土壌は酸化的な環境にあり,肥料のうち,作物に吸収されず土壌に残存した窒素成分は容易に硝酸態窒素にまで酸化される.硝酸は負電荷を持つが,土壌が同じく負に帯電しているため,土壌に吸着されることなく地下水層に達し,地下水の硝酸態窒素も上昇させる.一方,肥料として畑地に投入されたリンは,酸化的な条件下で土壌中に含まれるアルミニウム,鉄,カルシウムなどと結合し,土粒子に捕捉されやすい.このため,畑地に投入されたリンが地下水等に影響することは少ない.

(5) 市街地

市街地はアスファルトやコンクリート等の不浸透面で覆われているため,地表面に降り注いだ雨水の多くは地中に浸透するよりも地表面上を流出する.そのため,市街地における汚濁物質は,降水の表面流出とともに流れ出す.市街地における面源負荷は,①大気からの降下物,②廃棄物・ゴミ,③車等の交通機関,④公園や街路樹等の土壌,⑤各種土木・建築工事などに由来している[31)].これらの起源を持つ汚濁物質は市街地における道路や屋根等に堆積し,降雨に伴って表面流出し,合流式下水道や分流式下水道の雨水管,雨水排水路等を経て公共用水域(河川や湖沼,内湾)へと排出される.

汚濁物質の堆積・流出状況は,屋根面と路面では大きく異なる.まず,屋根

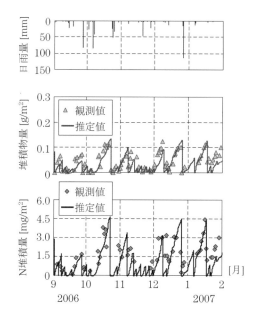

図5.27 屋根面負荷の時間変化[32] (屋根面上の単位面積当たりの堆積物総量と窒素N堆積量の日変化を示す)

面における汚濁物質の堆積状況(屋根面負荷)は,上記のうち大気からの降下物が主な起源となる.この屋根面負荷は,図5.27に例示するように[32],無降雨期間に増加し,降雨時にそれまで蓄積した汚濁物質が一気に掃流される.また,屋根面への大気降下物量の累積値を推定し(図中では「推定値」と表示),それと観測値は概ね一致している.このように,屋根面負荷は大気降下物の堆積と降雨による掃流により時間変化していることが分かる.

一方,路面は,上述した市街地面源負荷の5つの起源から大きな影響を受ける立地条件となっている.そのため,図5.28に例示するように,路面負荷の方が屋根面負荷よりも1オーダー大きくなっている[33].また,路面や屋根面の中でも負荷量に差がある.すなわち,高速道路の負荷量は一般道路の10倍程度になっている.これは,高速道路の方が平均的に車の移動速度が大きいため,タイヤのカスや排気ガスなど車由来の発生負荷が顕著になるためである.一方,屋根面では,住宅地域の負荷量が,工業地域や商業地域の負荷量よりも

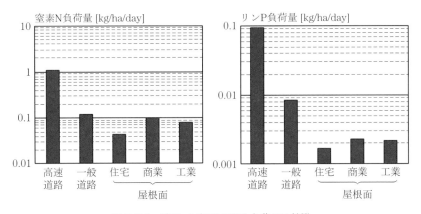

図5.28 路面・屋根面の発生負荷の比較[33]

全般的に小さくなる傾向が見られる．市街地を含む流域全体を考えると，上記の理由により，屋根面負荷よりも路面負荷の影響が非常に大きくなるケースが多い．そのため，路面負荷の削減技術の開発が急務となるが，定期的な路面清掃や浸透トレンチの活用等が挙げられるが，いずれも課題が多いのが現状である．

(6) 原単位

湖沼や内湾における流域からの汚濁物質負荷量を算定する際には，単位面積（もしくは人や頭数等）あたりの汚濁負荷量を示す**原単位**（unit load）が一般に用いられる．**表**5.3は面源負荷を構成する山林・水田・畑地・市街地におけるCOD・T-N・T-Pの原単位を示す．ここでは，湖沼水質保全特別措置法（湖沼法）に基づく全国11指定湖沼（琵琶湖や印旛沼など）の湖沼水質保全計画で採用されている原単位の平均値を例示している[34]．この原単位を用いて面源負荷を求めるには，対象流域における土地利用別面積を算出し，それらと土地利用毎の原単位を掛け，得られたものの総和が面源負荷となる（厳密には，これらに降水起源の負荷も加算する）．

この表のように，土地利用により原単位の大きさに違いが見られる．例えば，T-Nの原単位は畑地が最も大きくなっているが，これは，本節(4)で述べたように，畑地が施肥と酸化的な土壌環境の影響を受けているためである．ただし，

表5.3 面源負荷算定用の原単位の一例(単位:kg/(ha·yr))

	COD	T-N	T-P
山林	36.4	4.9	0.30
水田	42.9	11.0	1.13
畑地	19.1	32.2	0.36
市街地	51.1	12.1	0.81

必ずしも原単位の大小の因果関係がはっきりしないものも存在する．その要因としては，観測結果などから算出される原単位自体が非常に大きくばらついており，2オーダー以上異なる事例も多く見られるためである．これは，面源負荷が出水時に集中的に発生するため，観測データ自体が不足していることや出水条件によっても面源負荷が大きく異なるためである．今後，原単位の精緻化が必要であるが，それとともに原単位に拠らない実用的な汚濁負荷評価法の検討が求められている．

5.3.2 河川

河川内における栄養塩動態は，前述したように流域の人為的負荷による影響を受けるとともに，連続性をもって流下方向に変化する．また，流域特性(流域面積や土地利用等)や河床変化に伴う流動特性が地域によって変化することから，山地渓流域から河口域に至るまで，河川の栄養塩濃度は地域間差が現れる．例えば，全国約1244箇所の渓流域における無機態リンを測定した結果から[35]，山地渓流域の無機態リン濃度と流域の鉱物組成および土壌との間には相関が見られた．濃度分布にも地域的な差があり(中央値:6.6μg/l)，特に10μg/l以上の地域としては，茨城県北部，埼玉県，東京都西部，石川県から京都府にかけての日本海側，中国地方東部，四国山地，九州山地周辺および佐賀県北部に偏在する傾向があった．一方，河川中の栄養塩は河川生態系を支える一次生産者(植物プランクトンや付着藻類)の主要なエネルギー源として重要な役割を果たしている．ここでは，流下する過程で変化する栄養塩について，河川内のセグメント毎にその動態及びそれに関与する反応や変化について解説する．

(1) 河川のセグメント特性に応じた栄養塩

河川の栄養塩動態を理解する上で，時空間的な栄養塩形態の違いや関与する反応過程の変化を知ることは重要である．表5.4に各セグメントの特徴[36]と，想定される河川への有機物・栄養塩負荷因子をまとめた．

セグメントM（主に山間部の渓流域）の河床材料は，頭大の岩の露出が見られる箇所が多いが，代表粒径は様々であり巨大な岩から細かい砂に至るまで存在する．また，粒子性有機物としては，森林や渓畔林からの落葉・落枝，さらには森林土壌表面からの土砂流出によって土壌中からも河川へと供給される．河床勾配も大きく，出水時には各物質がフラッシュされ中・下流域へ輸送される．一方，栄養塩の供給には，降水が地表面を流下して到達した表面流出，地中に浸透した後に比較的浅い土層を流下して到達した中間流出およびより深部に浸透した後に長い時間をかけて流出する地下水流出の3つがあり，それぞれの流出過程で生化学的な影響を受け栄養塩形態は変化している．

次に，セグメント1・2（扇状地や谷底平野）では，人為的な要因で河川への栄養塩負荷量が決まるケースが多い．上流域に比べ中流域では川幅も広がり粒径の大きい河床堆積物は少なく，栄養塩の形態としても土粒子に吸着する物質も増え，堆積物中に蓄積された栄養塩は洪水時には粒子性の栄養塩として河川

表5.4 河川セグメントと栄養塩動態

	セグメントM	セグメント1	セグメント2		セグメント3
			2-1	2-2	
地形区分	山間地	扇状地	谷底平野	自然堤防	デルタ
河床材料の代表粒径	様々	2 cm以上	3 cm〜1 cm	1 cm〜0.3 cm	0.3 cm以下
河床勾配	様々	1/60〜1/400	1/400〜1/5000		1/5000〜水平
粒子性有機物	落葉・落枝等	破砕有機物・付着藻類・底生動物	付着藻類・底生動物・動植物プランクトン		動植物プランクトン
栄養塩負荷源	降水・地下水・鉱泉	降水・地下水・農業排水	降水・農業排水・工業排水		降水・工業排水・下水処理水

水中に再懸濁し供給され下流へ運ばれる．さらに有機物は分解され無機態となり流下する．

最後に，セグメント3(河口も含む)になると，水深が深くなり河床への到達光は減少し，付着藻類の生産は低下するものの植物プランクトンによる一次生産が高まり，栄養塩の消費量は高くなる．一方，土粒子に吸着している栄養塩は，海水との混合により粒子間の反発が弱まり凝集しやすくなり，沈降が促進される．

このように，上流域（渓流域）から下流域にかけて栄養塩ソースとしての有機物や栄養塩の形態は様々に変化し流下しており，河川生態系を支える上でも重要な役割を果たしている．

(2) 河川の栄養塩動態と生態系の関わり

河川水中における有機物や栄養塩は，河川中の生物にとっては重要なエネルギー源である．一方，生物自身の排泄や死滅も，河川水中の有機物や栄養塩の増減に大きく寄与している．栄養塩を中心に生態系も含めた物質循環に関する模式図を図5.29に示す．セグメントによっては，無視できる反応もあるが，

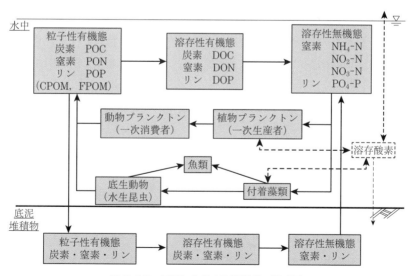

図5.29 河川における物質循環の模式図

様々な反応が河川流下方向に連続して起こることで，河川内の栄養塩環境を決定している．

河川における代表的な粒子性有機物としては，落葉に代表される粗粒状有機物（CPOM）やそれが破砕した細粒状有機物（FPOM）があり，流下過程で破砕され，さらに流下中や河床に堆積している間にバクテリアによって分解され，溶存性有機物から溶存性無機物（dissolved inorganic matter）へと変化する．最終的に堆積物中の栄養塩は再懸濁や溶出により河川への負荷要因となる場合もある．

一方，粒子性有機物・溶存性有機物・溶存性無機態栄養塩は，図5.29に示すように，河川生態系に取り込まれ，形態を変えながら循環している．渓流域では，河畔林により河床への日射量が小さいことから付着藻類の生産速度は低く，栄養塩の消費量も小さい．中流域では，日射量が増加することで付着藻類や水生植物の生産速度が高くなり栄養塩の消費は増加する．さらに，付着藻類や粒子性有機物は底生動物の餌として河川生態系では重要な役割を果たしており，河川連続体仮説の概念にあるように河川流下方向の有機物・栄養塩の変化が河川生態系と有機的に関係している．

(3) 栄養塩変化に関与する物理・化学・生物作用

河川では湖沼・沿岸域と比べて滞留時間が短く，河川生態系はその場を通過する有機物や栄養塩によって支えられている．一方，栄養塩に関係する物質変換過程の時間スケールは大小様々である（表5.5）．流体運動や気象変動は乱流のような短いものから，地球温暖化等の長期的に変動するものがある．化学的反応過程の時間スケールは短いものが多いが，生物的過程は河川流況や気候の変化を強く受け，その時間スケールも微生物の増殖などの短いものから，底生動物や魚類の生活史のように年単位にわたるスケールがある．河川内では流れ・気象といった物理現象とそれらに影響を受けた生物・化学的な事象が有機的に絡み栄養塩の循環が形成されている．

流下過程において栄養塩変化に影響を与える河畔林や砂州，氾濫原が注目されている（図5.30）．例えば，森林域の河畔帯を対象とした観測では，降雨により直接供給された硝酸態窒素が河畔帯を通過することで，その約7割が除去

表5.5 物理・生物・化学作用の時間スケール

時間スケール (秒)		現象			
		流体	気象	生物	化学
	10^0	渦, 乱流			酸化・還元
	10^1	風波, うねり			
1分	10^2	粒子沈降		バクテリア増殖	酸素溶解
	10^3		日射, 気温	タンパク合成	吸着・凝集
1時間	10^4	潮位	風, 降雨変化		
1日	10^5		河川水量	プランクトン増殖	
1週	10^6	大潮・小潮		魚類行動	
1月	10^7		台風		
1年	10^8		長期変動	羽化	
		地殻変動	資源変化		

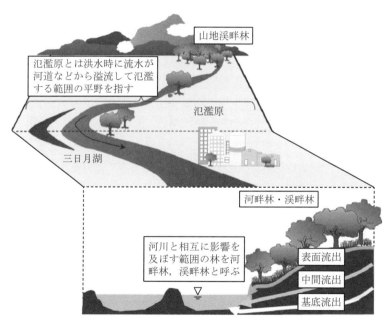

図5.30 河畔林と氾濫原（下図は上図の点線部の断面図）

された[37),38)]. 氾濫原は，下流域では栄養塩のシンクとして機能している[39),40)]. 氾濫原は，粒子状物質が捕捉されやすく，それらの蓄積・供給の場としての機能を果たし，反応の時間スケールとしては流動よりも長く，栄養塩循環に重要な役割を果たしている.

また，栄養塩循環に溶存酸素は重要な役割を果たしている．粒子性有機物の分解や溶存性有機物の分解，硝化などの反応過程では，溶存酸素が深く関与する．水中の有機物分解や硝化反応に必要な溶存酸素濃度は4mg/L程度である[41)]. 特に流れが停滞しているような場所，堆積物中に有機物が多く蓄積している場所では酸素の消費が速く，そのような場所では貧酸素状態になりやすく，生物の生息にも影響を与える．

一方，河川から海域に供給される栄養塩のうち，懸濁態物質の負荷量は多く，梅雨や台風といった大出水に集中している．窒素は溶存態の形で流入することが多いが，リンは出水による流量増大時に負荷量が最大となり，その大部分が粒子性成分であり，土粒子に吸着したリン（吸着態リン）である．これは全球レベルでも同様であり，Froelich[42)]の試算からも河川から海洋に供給される吸着態リン負荷量は溶存態のそれより2～5倍に達することが分かっている．また，これら吸着態リンの特性については多くの研究がなされている[43),44)]. 濁水中のリンは，カルシウムや鉄，アルミナと結びついたアパタイトまたは非アパタイトリンの形で存在する．これらは，河川感潮域から沿岸にかけて凝集・溶脱等の変化を伴う．また，土壌中のリン酸イオンの特異吸着現象（溶液中の特定のイオンを選択的に吸着し保持する現象）が知られており，土壌環境中のリン酸イオンを土壌粒子中に固定する強い働きがある．この働きによって土壌中の非アパタイトリンには，吸着態のリン酸態リンが含まれている．

5.3.3 土壌・地下

(1) 土壌・地下における物質動態

土壌・地下では，水とともに溶存性物質とガスが移動する．水は降水によって供給され，地表から土中に浸透し，地下水にまで達する．土中での溶存性物質の移動は基本的には水の流れに沿って起こるものの，土壌への物質の吸着や微生物等による分解の影響が大きく，複雑なものとなる．また，土壌中の粒子

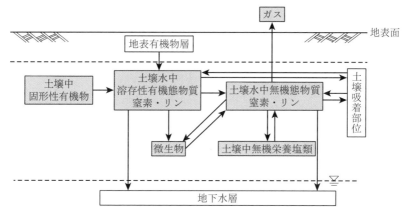

図5.31 地中における物質循環の模式図

性有機物は微生物の分解によって,溶存性物質に変換され,その一部は無機化される.図5.31に地中における物質循環の概念図を示す.

(2) 土壌・地下中の物質の移流拡散方程式

土壌中の水移動の基礎方程式は2.2.4に示すリチャーズの式で表され,土壌中での物質の移流拡散方程式は以下のように表される.

$$\frac{\partial \theta C}{\partial t} + \frac{\partial (\theta q'_x C)}{\partial x} + \frac{\partial (\theta q'_y C)}{\partial y} + \frac{\partial (\theta q'_z C)}{\partial z} \\ = \frac{\partial}{\partial x}\left(\theta D_{xx}\frac{\partial C}{\partial x}\right) + \frac{\partial}{\partial y}\left(\theta D_{yy}\frac{\partial C}{\partial y}\right) + \frac{\partial}{\partial z}\left(\theta D_{zz}\frac{\partial C}{\partial z}\right) + Y \tag{5.9}$$

ここで,q'_x, q'_y, q'_z:実質流速($q'_x=q_x/\theta_s, q'_y=q_y/\theta_s, q'_z=q_z/\theta_s$)であり,$\theta_s$:飽和含水率,すなわち間隙率である),$C$:物質濃度,$D_{xx}, D_{yy}, D_{zz}$:分散係数,Yは湧き出し項である.上式の体積含水率θと分散係数の積,$\theta D_{xx}, \theta D_{yy}, \theta D_{zz}$は,帯水層の分散について等方性を仮定すると,流速依存型の表現式と分子拡散係数との和で表される[45].

$$\theta D_{xx} = \alpha_L q_x^2/q_s + \alpha_L q_y^2/q_s + \alpha_T q_z^2/q_s + \theta \nu$$
$$\theta D_{yy} = \alpha_L q_x^2/q_s + \alpha_L q_y^2/q_s + \alpha_T q_z^2/q_s + \theta \nu \quad (5.10)$$
$$\theta D_{zz} = \alpha_T q_x^2/q_s + \alpha_T q_y^2/q_s + \alpha_L q_z^2/q_s + \theta \nu$$

ここで，q_s：スカラー流速，α_L：横分散長，α_T：縦分散長，ν：浸透層内の分子拡散係数である．

湧き出し項Yは溶質の土粒子との吸着・離脱を表し，以下のように表される．

$$Y = -s_d \frac{dS}{dt} + \lambda_s s_d S \quad (5.11)$$

ここで，S：土の単位質量あたりに吸着されている物質量，s_d：土の比重，λ_s：分解速度である．これに加えて，移動中の合成や分解をして物質が変化すること，団粒の中での物質の吸着・離脱や植物による吸収を考慮する必要がある場合もある．

(3) 地下水中の窒素汚染

土壌中の不飽和層においては地下水位が上昇・下降を繰り返すため，地下水中の栄養塩類は濾過，吸脱着などの物理・化学的作用を受けて変化する．好気状態にある不飽和層の上部においては生物由来の有機物が多量に存在し，それらが微生物により分解され，アンモニア態窒素から亜硝酸窒素，硝酸態窒素に酸化される．肥料として供給される窒素も同様に亜硝酸窒素，硝酸態窒素に酸化される．同様にリンに関しても，微生物の分解により，リン酸態リンになる．以下に土壌中に存在する主な陰イオンの吸着性の順位を示す[46]．

$$SiO_4^{4-} > PO_4^{3-} \gg SO_4^{2-} > Cl^- > NO_3^- \quad (5.12)$$

PO_4^{3-}は極めて吸着力が高く土粒子に吸着しやすく，一度吸着すると離れにくい，一方で，Cl^-やNO_3^-はほとんど土粒子に吸着しないと言われている[47]．したがって，硝酸態窒素は土粒子に吸着されにくく，下方に浸透し地下水中に蓄積し易い．そのため，化学肥料を大量に使う日本においては，地下水の窒素汚染が大きな問題となる．図5.32に環境省の地下水調査から得られた硝酸

態窒素濃度が基準濃度10mg/lを超える井戸の割合の経年変化を示す．2003〜2005年にかけて，基準濃度を超える井戸は減少傾向にあるものの，それ以降はほぼ横ばいの状態にある．

千葉県の印旛沼流域においても流域内の井戸や湧水中の窒素汚染が問題となっている．口絵5.3に(a)1998年および(b)2008年における硝酸態窒素濃度の空間分布を示す[48]．1998年には環境基準を大きく超えて20mg/lに達する地点が見られる．また，2008年においても環境基準の10mg/lに近い地点が見られるものの，湧水の水質は大幅に改善していることがわかる．また，図5.33に印旛沼流域における長期的な湧水中および地下水中のNO_3-N濃度の変化を

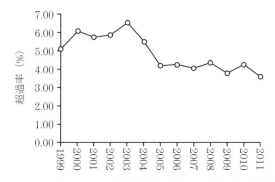

図5.32　全国における基準濃度超過井戸の割合の経年変化

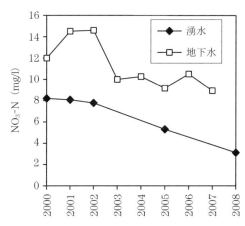

図5.33　印旛沼流域内の地下水および湧水の平均NO_3-N濃度の経年変化[48]

示す[48]．これらの値は共に流域内の平均値である．湧水に比べて地下水の水質は2003年以降ほぼ横ばいである．これは印旛沼流域では地下水の窒素汚染が進んでおり，それらが河川を通して印旛沼内に流入することによって[49]，印旛沼の水質の改善が進まないことを示唆している．このように一度地下水中の窒素汚染が進むと，その流域における健全な水・物質循環の回復には長い歳月を要する．

5.3.4 湖沼

(1) 湖沼の栄養塩動態

湖沼の水質や水域生態系を大きく左右する要因として，栄養塩負荷が挙げられる．栄養塩負荷は通常，流入河川のみならず，大気降下物や地下水，養殖等の人間活動からもたらされる．湖沼に流入した栄養塩は物理，化学，生物作用により循環し，その一部は系外へ放出される（図5.34）．湖沼の水環境に最も影響を及ぼす栄養塩は一次生産者の**増殖制限栄養塩**（growth-limiting nutrient）

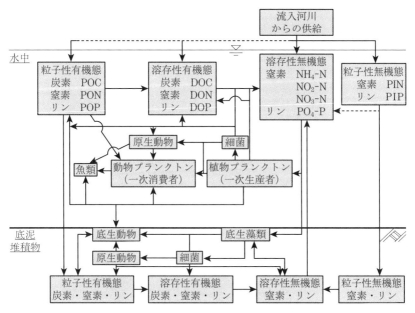

図5.34 湖沼における物質循環の概念図

である．増殖制限栄養塩は，生物が求める量に対し，相対的に環境中に少ないリンもしくは窒素の栄養塩となることが多い．

1) 窒素

イオンとして溶存した窒素の大部分は流入河川水を経由した硝酸態窒素(NO_3^--N)またはアンモニア態窒素(NH_4^--N)として湖沼に供給される．それらの窒素は生産者が吸収し有機態窒素に変換され，さらに，消費者に取り込まれるなど，生物系の窒素循環に移行する．生物体からの排出または死亡(枯死)後，有機態窒素は従属細菌により分解され，①アンモニア態窒素を経て，硝化細菌により②亜硝酸態窒素(NO_2^--N)，③硝酸態窒素へと硝化される．②は生物に対して有毒であるが，通常の条件では②→③の変換速度が①→②の速度よりも速いため，②は低濃度である．これらは好気的(酸化的)環境下で行われるが，硝酸態窒素が嫌気的(還元的)環境に移動されると脱窒菌により酸化二窒素(N_2O)や分子状窒素へと脱窒され水圏から大気圏へ移行する．

河川からは**リター**(litter)や人為的有機汚濁物質が起源の粒子性窒素も供給される．これらは湖沼内で沈降し，微生物による分解を受け，湖沼内の窒素循環に移行する．窒素固定能を有するシアノバクテリアなどによる大気中からの分子状窒素の固定は，有機態窒素を増大させる．

2) リン

溶存性リンDPは土壌粒子に吸着されやすく，酸化的環境では水酸化・酸化物として粒子性リンPPとなる．したがって，リンは流れのある河川から，停滞水域の湖沼に流入した後，沈降し湖底に堆積する傾向にある．わずかに残存する溶存性栄養塩としてのリンは，植物プランクトンや水草類に速やかに吸収利用され有機態のリンに移行する．

湖底に堆積したリンは異なった酸化化合条件により，Ca態，Al態，Fe態の無機態リンPIPと，生物体に取り込まれ沈降した有機態リンPOPに区分される．このうちFe態リンは成層期の底層などの嫌気(還元的)環境において溶存性のリン酸態リン(PO_4^{3-})に変化する．同時に鉄も二価鉄イオン(Fe^{2+})として溶出する．これらのイオン類は，循環期における鉛直混合作用などにより表層の生産層に供給され生産者の栄養源となる．成層期においても，水深が浅い湖沼(水深数十m以下)では，シアノバクテリアの*Microcystis*や渦鞭毛藻の

Peridinium など鉛直移動性のあるプランクトンが夜間に還元層まで侵入しこれらのイオン類を栄養源として利用する．このように鉛直移動性プランクトンは流入負荷による栄養塩供給が不足する場合でも優占的に増殖可能となり，アオコや淡水赤潮の発生に到る．また，鉛直移動性のプランクトンは，表層に栄養塩を移動させる役割も担う．

(2) ダム貯水池の流動特性

ダム貯水池における栄養塩の動態に影響を及ぼす湖水の流動作用として，成層期から循環期の鉛直混合作用に加え，上流端における流入河川水を起源とした密度流と，表層の吹送流の両者から形成される作用が挙げられる．これらの流動作用に伴って，粒子性と溶存性栄養塩がダム貯水池特有な動きを形成する（図5.35）．

自然の河川上・中流域の谷状の河道では，陸地と海域の日周的な大気下降・上昇流の形成により，昼間は上流方向への風が卓越することが多い．したがって，河道に位置するダム貯水池では，ダムサイトから貯水池上流端方向への吹送流が形成される割合が高くなる．一方，ダム貯水池では，主として流入負荷や底質溶出により供給された溶存性栄養塩の多くは生産者（植物プランクトンなど）に吸収され，粒子性栄養塩に移行する．生産者は光合成のためダム湖の表層に分布するが，シアノバクテリアの *Microcystis* や渦鞭毛藻の *Peridinium*

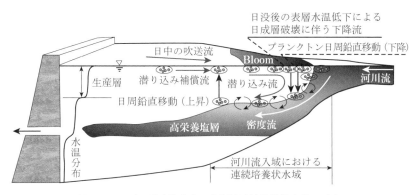

図5.35 ダム貯水池特有の藻類等連続培養状水域の形成

などは，昼間に，それぞれ，偽空胞拡大による浮力の増加や，走光性による遊泳により水面近くに移動・集積する性質を持つ．したがって，広範囲に分布するこれらの表層集積性のプランクトンは，ダム貯水池上流端に移動集積し，併せて，これらの浮遊生物に取り込まれた粒子性栄養塩も移動集積することになる．

温帯域のダム貯水池上流端では，貯水池水と比較して水温が低く，密度が大きい河川水は，**潜り込み点**（plunge point）から下層へ潜り込み，その流れに沿って貯水池側にも潜り込み流が形成される．さらに，潜り込み流発生に伴い，上流方向への表層補償流が形成し，プランクトンの上流への移動・集積がさらに促進される．これらの流動システムにより最終的に上流端に集積したプランクトンは豊富な溶存性栄養塩を含んだ河川流入水と混合する機会を得て，下層・下流側への移動する間に溶存性栄養塩を取り込み粒子性に変換する．また，日没後の極表層の水温低下に伴う日成層の破壊による鉛直混合作用，*Microcystis* や *Peridinium* の日周鉛直移動の下降作用により，粒子性栄養塩の移動が促進される．その後，下流の緩流速域で，翌日の夜明けに伴う日周鉛直移動上昇作用により，再びプランクトンは表層に集積し，毎日，同様な循環移動を繰り返すことになる．河川水と混合する夜間は，プランクトン細胞も活発に栄養塩を吸収する日周時期にあたり，一種の**連続培養系**（chemostat）が形成されているといえる．ダム貯水池では，このような連続培養機構が形成されることで，溶存性栄養塩の粒子性有機態栄養塩への移行が促され，表層集積性のプランクトンの異常増殖（アオコ，淡水赤潮）や富栄養化障害が発現する機会が増加する．

5.3.5　沿岸海域

(1) 沿岸海域の栄養塩の流入・流出

沿岸海域の栄養塩の流入過程としては，河川水や地下水，外海水の流入，沿岸に建設された水処理施設からの排水，降水等による水面からの供給等が挙げられる．一般的には河川や水処理施設からの流入負荷が大きいと考えられているが，外海からの流入も無視し得ないと報告されている[50]．また，流出経路としては外海への流出が大きいと考えられるが，脱窒や漁獲等も挙げられる．

また，海底面に着目すると，堆積物からの溶出や巻上げ，底面への沈降によ

り，海水と堆積物との間の栄養塩輸送が行われている．堆積物からの溶出は**内部負荷**（internal load）と称されるが，通常溶出される栄養塩はそれ以前に沈降作用により堆積物へと供給されたものであり，新たな負荷とは異なることに留意する必要がある[51]．

(2) 沿岸海域の栄養塩動態

沿岸海域での生物・化学的な栄養塩動態は非常に複雑で，水域毎にも大きく異なるため，ここでは現状での一般的な理解について，溶存性無機態栄養塩を起点として説明する．

図5.36に沿岸海域における物質循環の概念図を示す．浮遊生態系において溶存性無機態栄養塩の移行として最も注目されるのは，植物プランクトン等一次生産者の光合成に伴う取り込みである．溶存性の栄養塩はこの過程により粒子性へと移行する．このうち一部は死亡により活性のない粒子性有機態（デトリタス）へと移行し，バクテリア等による分解・無機化により溶存性有機態や溶存性無機態栄養塩へと還元される（**腐食連鎖**，detritus food chain）．一方，

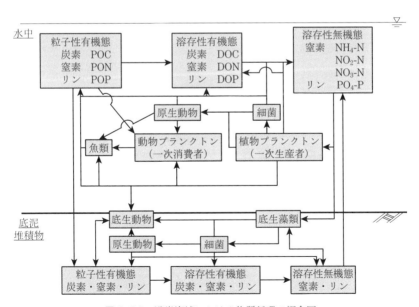

図5.36 沿岸海域における物質循環の概念図

植物プランクトンやバクテリアはより大型の原生動物や動物プランクトン等により捕食される．同様に，これらの一部はより大型の動物プランクトンや魚類により捕食され，より上位の循環へと移行する（**生食連鎖**，grazing food chain）．プランクトンについては，一部は底生生物による摂食を介して底生系へと移行する（**図 5.23**）．

底生生態系においても，堆積物間隙水中の溶存性無機態栄養塩の一部は，光合成を行う底生藻類や海草等，およびバクテリアにより取り込まれ，一部は，土粒子等との吸脱着や直上水への溶出を経て輸送される．底生藻類や底生バクテリアは底生動物等により捕食され，より上位の循環へと移行される．いずれの底生生物も死亡によりデトリタスへと移行し，バクテリア等による分解・無機化により溶存性有機態や溶存性無機態栄養塩へと還元される．

沿岸海域での栄養塩循環は，上述の湖沼と共通する部分が多くあるが，沿岸海域に特徴的な現象として以下の項目が挙げられる．まず，栄養塩の物理的な輸送では潮汐やエスチュアリー循環が重要であり，特に外海との栄養塩交換を支配する過程として検討が必要な項目である．また，密度成層の発達により，底層の貧酸素化や堆積物からの栄養塩溶出，青潮発生が見られる．

ここでは一次生産者として植物プランクトンや底生藻類を念頭にして栄養塩循環について述べたが，沿岸海域の栄養塩動態においては，海草・海藻による生産や河川からの有機物供給なども重要であることに留意されたい．また，上述の栄養塩循環については現状では定性的な理解に留まっており，それぞれの循環速度や量などは不明な点が多くあり，今後の研究が期待される．

5.4　流域圏における栄養塩収支

ここまで，流域における負荷の発生・排出，地表面・水路・河川・地下における負荷の変化，湖沼・沿岸海域に流入した負荷の変化などを水域毎に整理した．本節では，流域圏全体での栄養塩（窒素およびリン）の物質収支について記す．

栄養塩の物質収支を算出する方法は，大きく二つある．第一の方法は，観測値や文献値に基づき，流域への窒素投入量，および流域からの窒素取出量を見積り，収支を計算する方法である．第二の方法は，流域を計算対象とする**分布**

型水物質循環モデル(distributed model for water and material cycle)を構築し，モデルの解析結果に基づき物質収支を算出する方法である．

前者の例として，利根川流域および日本全国における窒素収支を，後者の例として印旛沼流域における窒素・リン収支の算出事例を，以下に紹介する．

(1) 利根川上流域および日本全国における窒素収支

河川環境管理財団[52]は，利根川上流域および日本全国を対象として，流域への窒素投入量，流域からの窒素取出量を算出している．流域の窒素投入または排出に係わる流域の諸元(土地利用面積，家畜頭数，肥料出荷量等)を設定し，これに原単位を乗じて流域全体の窒素投入量または取出量を求めている．算定時期は2005年を基準としており，各項目は同じ統計を用いることを基本としているが，市街地面積のように全国では違う統計(人口集中地区面積)を用いているものがあり，出典が異なる項目について流域間や全国の単純な比較はできないことに留意する必要がある．全国の農作物中の窒素量の算定において収穫量が不明の畑については，生産量の多い5種の野菜における単位作付面積あたりの収穫物の窒素量を用いて推定している．森林による窒素吸収(森林土壌の脱窒など)は考慮されていない．この窒素収支算定結果を流域面積あたりの値で表したものを**表5.6**に示す．

この窒素収支を比較すると，利根川上流域では窒素投入量が1haあたり年間60kgであるのに対して，取出量は38kg(うち河川流出量は24kg)を占めるにとどまり，投入量のうち37%は不明となっている．これに対して全国でみると，窒素投入量が1haあたり年間47kgで，取出量は26kg(うち河川流出量は11kg)であり，投入量のうち45%が不明となっている．

窒素投入量の内訳を1haあたり年間の値で比較すると，点源負荷量が利根川12kgに対して全国14kg，**大気降下物**(atmospheric fallout)が利根川17kgに対して全国12kg，**家畜排泄物**(domestic animal wastes)のうち処理水や**堆肥**(compost)として投入される量が利根川17kgに対して全国9kg，**化学肥料**(chemical fertilizer)投入量が利根川11kgに対して全国8kgなどとなっており，大気降下物や家畜排泄物由来の投入量が利根川上流域では多い．

次に取出量の内訳を比較すると，農作物の収穫が利根川8kgに対して全国

表5.6 利根川上流域,日本全国の窒素収支の比較[52]

単位:kgN/(ha·yr)

項目			利根川上流域	日本全国	備考
窒素投入量	点源	A	11.9	13.9	
	大気降下量	B	16.6	12.2	
	湿性		11.8	8.7	
	乾性		4.7	3.5	全国と利根川は湿性×0.4
	NH$_4$-N		8.6	6.4	
	NO$_3$-N		8.0	5.7	
	(家畜排泄物)*		32.8	15.3	ブタ尿の7割以外は堆肥化
	(家畜排泄物(揮散))		10.8	5.4	
	(家畜排泄物(処理過程脱窒))		4.6	1.3	
	家畜排泄物(処理水)	C	0.7	0.2	ブタ尿処理の除去率87%
	家畜排泄物(堆肥農地還元)	D	16.6	8.4	
	化学肥料	E	10.6	8.1	
	農地の窒素固定	F	1.9	2.6	
	森林の窒素固定	G	1.6	1.7	
	合計		59.9	47.1	A+B+C+D+E+F+G
窒素取出量	農作物収穫	H	8.0	8.8	
	農地の脱窒	I	5.4	5.3	
	化学肥料(揮散)	J	0.5	0.4	揮散率を5%とする
	河川流出	K	23.8	11.3	
	合計		37.7	25.8	H+I+J+K

＊家畜排泄物＝揮散＋処理過程脱窒＋処理水＋堆肥農地還元

9kg, 農地における脱窒量が利根川,全国とも5kg,そして河川流出が24kgに対して11kgとなっている.利根川の河川流出の値が大きいのは,利根川の窒素濃度が全国的にみて高いことに由来していると考えられる.

　農地における肥料投入量(家畜由来堆肥および化学肥料)に対する農作物の収穫による取出量の比は,利根川流域が30%,全国では53%となっている.この比は作付け作物の種類によっても変わるが,窒素収支の観点からは全国の

方が高効率な農業であるといえる．

また，窒素投入量に対する河川流出量の比は，利根川が40％，全国が24％であり，利根川の方が窒素が河川に流出しやすいと考えられる．

(2) 印旛沼流域における栄養塩収支

流域における栄養塩収支を算出する上で，山林や農地，市街地等から発生する面源負荷の正確な算出が課題となることが多い．通常，面源負荷の算出は，各土地利用の面積に対して，単位面積・単位時間あたりの発生負荷量，すなわち原単位を乗じる原単位法(5.3.1(6)参照)による場合が多いが，この原単位は限られた時空間での実測データに基づくため，多様な降雨パターンや地形等における負荷発生を表現することは難しい．さらに，実際の現場では様々な土地利用が混在しており，また各地目で発生した負荷の一部は地下に浸透したり移動して別の地域で地表面に蓄積したりするなど，発生・流出メカニズムは複雑で一律の原単位で計算することは困難である．

このため，複雑な負荷発生・流出メカニズムを分布型モデルで表現することで，流域の栄養塩収支を算出することが試みられている．この種のモデルの一例として，分布型流域水・物質循環モデルSIPHER[53]を紹介する．このモデルは，流域の負荷発生・流出に関わるメカニズムを表現するために，蒸発散モデル，地下水モデル，地表流モデル，河道流モデル，点源負荷算出モデルの5つの要素モデルから構成される．モデルの基本構造を図5.37に，各要素モデルの概要を表5.7に整理する．

このモデルを用いて，千葉県印旛沼流域における窒素・リン収支を算出している(図5.38)[54]．これによると，流域で排出される負荷量から，農業用水として印旛沼から汲み上げられる負荷量を差し引いた正味の負荷量は，窒素で一日あたり2,851kg，リンで136kgとなっている．その内訳として，窒素は点源負荷(家庭や事業所，畜産等から排出される負荷量)が453kg(流入負荷に対する割合は16％)，面源負荷(山林や農地，市街地等から発生する負荷量)のうち降雨時に地表面を流出して印旛沼に到達する地表面流出負荷が198kg(7％)，地下に一度浸透してその後湧水として湧出し印旛沼に到達する湧水負荷が2,363kg(82％)となっており，印旛沼への負荷量の大部分は面源で発生し地下

5.4 流域圏における栄養塩収支

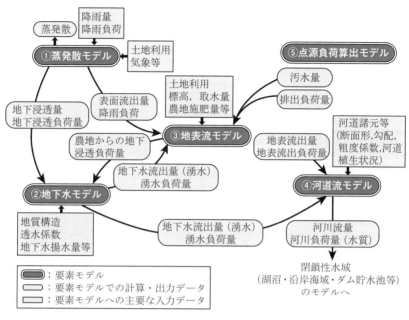

図 5.37 流域水・物質循環モデルの基本構造

表 5.7 分布型流域水・物質循環モデルにおける要素モデルの概要

要素モデル	解析内容	サブモデル
蒸発散モデル	土地被覆・気象条件に応じた降雨の分配(蒸発散,地下浸透,表面流出)を解析	積雪・融雪モデル 気温・降水量の標高補正 降雨水質モデル
地下水モデル	平面2次元多層浸透流解析(groundwater analysis)により,地下水の水・物質の挙動(地下水位,流速,物質移動・拡散),および地表への湧出(湧水量・水質)を解析	湧出モデル
地表流モデル	キネマティックウェーブ(kinematic wave)法により,地表面での水・物質の挙動(水位,流速,物質移動・拡散)を解析	雨天時流出負荷モデル 水田モデル,畑モデル 調整池モデル,脱窒モデル
河道流モデル	キネマティックウェーブ法により,河道での水・物質の挙動(水位,流速,物質移動・拡散)を解析	河道巻上げモデル 河道内浄化モデル
点源負荷算出モデル	フレーム値と原単位等をもとに生活系・産業系・畜産系の排出負荷量を算出	汚水処理形態別人口分布作成モデル

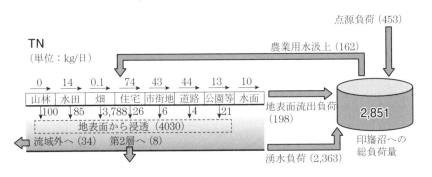

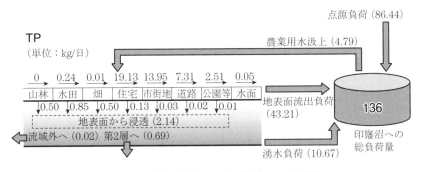

図5.38 印旛沼流域における窒素・リン収支[54]

水を経由するものであることがわかる．一方，リンの収支をみると，点源負荷が86kg（63%），地表面流出負荷が43kg（31%），湧水負荷が11kg（8%）となっており，窒素とは異なり湧水負荷の割合は低く，点源負荷や地表面流出負荷の割合が高いことがわかる．

面源負荷量の排出量を土地利用別に見ると，窒素では畑の3,788kgが最も大きく，そのほとんどは地下に浸透する．ついで市街地等（住宅地，密集市街地，道路，公園等）が231kgで，畑地とは逆に大部分が地表面流出する．リンでは市街地等が43kgと大きく，窒素と同様大部分が地表面流出する．なお，リンの湧水負荷は地表面からの浸透分より大きいが，その理由は不明である．

この栄養塩収支から，印旛沼に流入する負荷量を削減するためには，窒素では**環境保全型農業**（eco-oriented agriculture）の推進等により畑からの排出負荷量を削減することが，リンでは家庭・事業所等の点源負荷の削減とともに，

降雨時に市街地から流出する負荷を，**雨水貯留・浸透対策**（rainwater storage and infiltration measures）等により削減することが，それぞれ重要であることがわかる．

演 習 問 題

(1) 水域での炭素，窒素，リンの存在形態について説明せよ．
(2) 河川，湖沼，沿岸海域の生態系の特徴をまとめるとともに，各生態系における栄養塩動態の特性について説明せよ．
(3) 流域における面源負荷と点源負荷に着目して，都市河川流域と農地河川流域における栄養塩動態の課題について説明せよ．

第6章
流域圏における環境水理学的な課題の現状と対策

　本章では，流域圏という視点から日本の河川，湖沼，内湾の水環境に関する諸課題のうち，近年，顕在化している課題を取り上げ，現在進めている事例的な対策や研究事例を紹介している．テーマは，6.1　湖沼・内湾の富栄養化，6.2　ダム，6.3　河川の樹林化，および6.4　河川生態系と撹乱の関係を記述している．

　6.1は，全国の湖沼・内湾における富栄養化状況の推移について，富栄養化の陸水学的定義や人為的富栄養化の現状と原因について資料をもとに解説している．印旛沼の流域再生のための水循環健全化の視点から「みためし行動」を紹介している．都市化した流域の汚濁負荷削減対策や健全な水循環を図るための事例研究を紹介している．具体的には，雨水浸透マスの効果や雨水調整池の改良事例を示し，市街地における湧水の再生や面源負荷削減効果についてデータをもとに述べている．

　6.2は，ダムの概要とそれに関連する環境水理学的課題について解説し，ダム貯水池の水温，水質，懸濁物質の鉛直構造やダム貯水池内の流入・流出に伴う各種流れの基本的用語を説明している．ダム貯水池の水質管理では選択取水，曝気循環，カーテンによる流動制御およびバイパス管による最近の事例を解説している．また，ダム貯水池の土砂管理を取り上げて土砂の堆積特性に関して用語を説明し，土砂の性状，有効利用方策を紹介している．最後に，流入土砂の軽減対策や排砂対策など最近の新しい方法を解説している．

　6.3の河川の樹林化では全国の河川における樹林化の現状を地域別に紹介し，河川が樹林化に至る植生遷移のプロセスを説明し，樹林化が安定的に拡大

したプロセスが流れや土砂移動と深く関わっていることを紹介している．河川植生の成立に関わる外的な要因を解説し，単に，河川敷の管理のみならず流域における人の生活が大きく関わっていることを説明している．最後に，樹林化対策としての植生管理を植生の種別に紹介し，今後の課題は樹林化現象の解明とともにモデリングの重要性を述べている．

6.4の河川生態系と撹乱では，初めに，文献から生態系の概念を紹介し，河川生態系における生物部分と非生物部分の相互作用の重要性を指摘している．近年，Vannoteが提起した「河川連続体の概念」は，流域全体を連続した物質系として把握する重要性を述べている．また，河川生態系への撹乱の要因を自然的，人為的なものに区分し，Lakeによる撹乱と応答のタイプを説明している．最後に，洪水撹乱の影響に関する研究事例を紹介し，底生動物の多様性と洪水規模・頻度の関係は中規模撹乱説で説明できることに触れている．今後の河川環境改善の観点から，ダム管理に中規模撹乱曲線によるダム放流の方法を提起している．

6.1 湖沼・内湾の富栄養化

6.1.1 全国の湖沼・内湾における富栄養化状況の推移

我が国では，1950年～1970年代の高度経済成長期において，人間の産業活動に起因して排出された有毒物質により水俣病やイタイイタイ病などの公害問題が発生・顕在化した．その後，公害問題は徐々に沈静化したが，一方で大都市近郊の湖沼や内湾等の閉鎖性水域における水質汚濁化が問題視されるようになった．これは，内湾や湖沼の自浄作用を上回るほどの過剰な汚濁物質が流域から流入したためであり，その結果，内湾や湖沼の栄養塩濃度は増加する．このような状態を**富栄養化**（eutrophication）と呼ぶ．富栄養化が進行すると，水域では植物プランクトンが異常増殖し，**有機汚濁**（organic pollution）が生じる．この場合，植物プランクトンが表層付近に集中的に分布するため水が変色して見え，湖沼ではアオコ等の**水の華**（algal bloom），内湾では**赤潮**（red tide）が有名である（口絵6.1）．また，内湾では，夏季に成層状況が強化されて底層が貧酸素化・無酸素化し，その水塊が沿岸部に湧昇する時に水面が乳白色に変わる

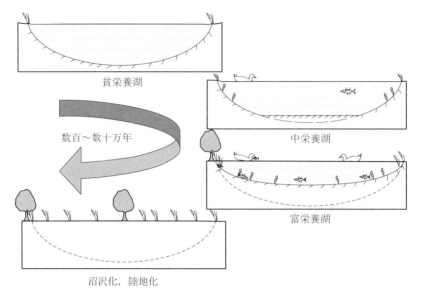

図6.1 自然状態における富栄養化の進行[2]

青潮(blue tide)と呼ばれる現象が発生する．これらは，いずれも富栄養化水域における象徴的な現象である．

この富栄養化とは，元々，陸水学の専門用語であり，人為的影響の無い自然状態の湖沼でも生じるものである[1]．図6.1に示すように，初期の湖沼では湖岸の植生も少ない貧栄養状態であるが，流域からの土砂や栄養塩の流入に伴って，栄養が徐々に湖内に蓄積され，貧栄養湖は中・富栄養湖へ変化していく．その際，湖沼の水深が全体的に浅くなるため，植物の繁茂域が湖岸のみならず湖沼中央付近まで広がり，結果として栄養塩の蓄積や富栄養化の進行が加速する．その後，沼沢化し，最終的に陸地となる．このような一連の変遷は自然状態では数百年から数十万年かかると言われているが[2]，上述した湖沼や内湾における急激な富栄養化は，自然現象と分ける意味で"人為的富栄養化"に相当しており，以下では，これを単に富栄養化と呼ぶ．

湖沼や内湾における富栄養化問題の現況や過去からの推移を把握するために，まず，1974年から38年間にわたる河川・湖沼・内湾における環境基準達成率を図6.2に示す[3]．これより，河川では環境基準達成率が増加し，90%を

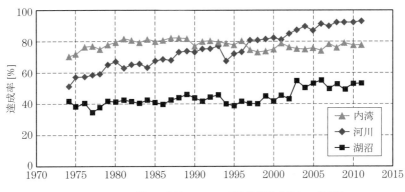

図6.2 河川・湖沼・内湾における環境基準達成状況の推移[3]

超えている.一方,湖沼や内湾では,環境基準達成率は横ばい傾向であり,河川と大きく異なる.一般に,河川水の滞留時間は湖沼や内湾と比べて非常に小さいことから,水質汚濁が進行した河川水の環境改善に要する時間は湖沼や内湾よりも短いものと考えられる.我が国における主要な湖沼や内湾における年平均CODの経年変化を図6.3と図6.4に示す[3].ここでは,湖沼として琵琶湖,霞ケ浦(茨城県),手賀沼・印旛沼(千葉県),内湾として東京湾,伊勢湾,大阪湾,瀬戸内海の結果を表示している.このように,どの湖沼・内湾においても全ての水質濃度の経年変化状況は横ばいか一部で悪化傾向すら見られる.なお,手賀沼では1990年代をピークに,2000年代に入り急激にCODが減少している.これは,2001年からの北千葉導水事業の本格運用に伴って,利根川の河川水を手賀沼に最大10m³/s注水したためであるが,手賀沼もその後は印旛沼と同じくらい高いCODで横ばい傾向となっている.このように,湖沼や内湾の富栄養化は既に30年以上にわたり顕在化されているが,未だ解決されていない課題といえる.

6.1.2 富栄養化の原因

湖沼や内湾における富栄養化の発生原因は,端的に述べると,水域の自浄能力を越える過剰な汚濁物質(栄養塩や有機物)が供給されるためである(図6.5).このため「自浄能力」と「汚濁物質供給量」のバランスを考慮することが重要となる.

第6章 ■ 流域圏における環境水理学的な課題の現状と対策

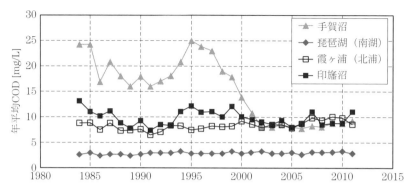

図6.3 主要湖沼における年平均CODの経年変化

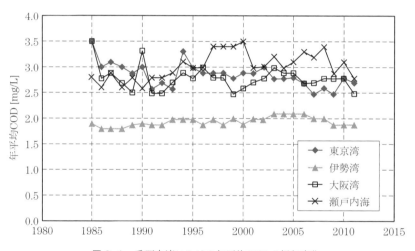

図6.4 重要内湾における年平均CODの経年変化

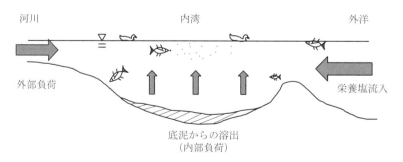

図6.5 富栄養化の形成要因

自浄能力としては，水中の微生物による有機物分解に加えて，湖沼における沿岸植生帯(抽水植物，浮葉植物，沈水植物)のエコトーンや内湾における二枚貝等の干潟生態系に代表される「生物の物質循環」を介した自浄作用が挙げられる．しかしながら，高度経済成長期以降における様々な沿岸開発に伴う埋立てや護岸工事により沿岸植生帯や干潟そのものが消失し，かつ植生や二枚貝も激減しており，これらの生態系の消失・劣化に伴って水域の自浄能力も大幅に減少した．また，自浄作用は水域における滞留を考慮する必要があり，これには水域(貯水容量，水表面積，水深，よどみ域等の地形)や流域(流域面積・土地利用，降雨量，河川流量等)の物理パラメータが関係する．

一方，栄養塩の供給源としては主に二つに分類される．一つは水域の外部から供給される場合(**外部生産**もしくは**外部負荷**，external load)であり，この供給源の大部分は流域(陸地)であるが，一部の内湾では外洋からの栄養塩供給の影響も指摘されている[4]．もう一つの供給ルートは，底泥からの栄養塩等の溶出が挙げられ，これは外部生産と分ける意味で内部生産(内部負荷，5.3.5参照)と呼ばれる．

6.1.3　汚濁負荷削減対策と効果(ケーススタディ：印旛沼)

(1) 印旛沼の現状

富栄養化水域における水質環境や汚濁物質流入状況の実態とその対策や効果を示すために，ここでは富栄養化湖沼として知られる印旛沼を例に説明する．印旛沼は，千葉県北西部に位置し，北沼と西沼に分かれている(**図6.6**)．印旛沼の水表面積は11.55km^2，平均水深は1.7mであり，極めて浅い湖沼である．その流域面積は541km^2，流域に居住する人口は76万人である．流域の土地利用特性としては，平成19年現在，市街地27％，畑地21％，水田16％，山林25％，その他11％であり，高度成長期以前よりも市街地率が約3倍以上増加している．この印旛沼における水質環境としては，**図6.3**に前掲したように，概ね横ばい傾向であり，富栄養化状況は解消されていない．

印旛沼における富栄養化問題が長年解決しない要因としては，まず，かつては全域にわたり繁茂していた水草が大幅に減少したことが挙げられる．水草減少の一因としては，湖岸部における直立護岸整備に伴い本来緩傾斜の湖岸部が

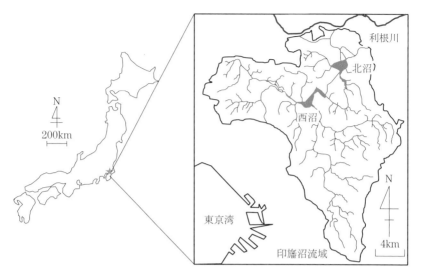

図6.6 印旛沼の概況

急傾斜化したため,様々な水深を好む植物が繁茂していたエコトーンが消失した.もう一つの主原因と考えられる流域から印旛沼へ流入する外部負荷の経年変化を図6.7に示す.ここでは,外部負荷を点源負荷の生活系と面源負荷の市街地系と農地系,その他に分けると共に,流域人口や下水道水洗化人口を合わせて表示している.ここではCODを例として,外部負荷(汚濁負荷)の算定には原単位法[5]が用いられている.印旛沼流域では,下水道整備が着実に進展しており,1974年に供用開始され,2010年では80%に達している.この下水道整備に伴って生活系負荷は大幅に抑制されている.また,水質総量規制により一定規模の事業所では排出負荷量が規制されているため,産業系負荷や畜産系負荷も経年的に減少している.このように,点源負荷は着実に減少しているため,合計の外部負荷も減少しており,近年は1970年代のレベルまで減少している.しかしながら,前述したように水質環境変化は長期的には横ばい傾向であり,1970年代の水質レベルまで回復していない.そのため,さらなる外部負荷の削減が必要であり,点源負荷減少に伴って相対的に増加している面源負荷の削減が必要であり,特に,市街化の進展に伴って増加しつつある市街地面源負荷の削減が必須である.

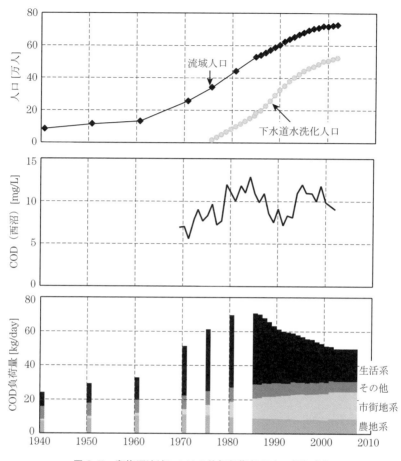

図6.7 印旛沼流域における外部負荷（COD）の経年変化

（2）汚濁負荷削減対策

　印旛沼の水質を改善するには，沼内における水質対策だけでなく，汚濁負荷源である流域全体の水質改善や水循環を元の姿に戻すことが抜本的な対策として必要となる．そのため，印旛沼水循環健全化会議は，2004年から，"恵みの沼をふたたび"を基本理念とした印旛沼・流域再生に取り組み，2010年に制定された「印旛沼水循環健全化計画」では8つの重点対策群を立てて，実施している[6]．ここでは，流域からの汚濁負荷削減の取り組みや，沼や河川の浄化機能

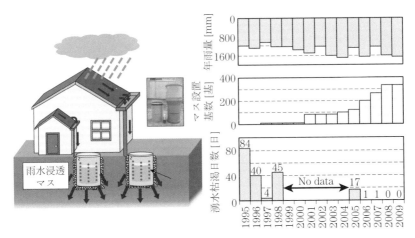

図6.8 雨水浸透マスの（左）とその設置による湧水再生状況（右）

を向上させる取り組み，流域全体の水循環を元に戻すための取り組み，という水質改善に直接的に関係する項目に加え，生態系の保全・再生，水害から守る安全安心な街づくり，親水性向上，啓発活動に関する項目まで含まれる．このように，沼内だけでなく，流域の視点を入れた水質改善対策となっていること，また，都市化により失われた水循環健全化の視点に立っていること，さらに，管理者（行政）だけでなく，住民と一体となって取り組んできること，などが大きな特徴といえる．様々な対策の実施にあたり，モデル地域において試行錯誤をしながら進めるという"みためし行動"を導入していることも大きな特色である．

これらの対策の一部を以下に紹介する．都市化による不浸透面（コンクリートやアスファルト面）の増加に伴い，地下浸透量の減少や表面流出量の増加など，本来の水循環が変化している．それを元に戻すための対策として，屋根雨水を地中に浸透させる「雨水浸透マス」の設置が挙げられる（図6.8）．これにより，地下水位や地下水涵養量の増加，湧水の保全・再生，河川の低水流量の増加，都市型洪水の抑制，などの効果が期待される．同図には，都市化により湧水枯渇が問題視されていた加賀清水湧水池（千葉県佐倉市，流域面積20ha）を対象として，流域内における雨水浸透マス設置状況と湧水枯渇状況の推移も示す[7]．このように，雨水浸透マス設置以前は，湧水枯渇日数が年間40日を越

えていたが，設置後ではほぼ枯渇しなくなり，雨水浸透マスにより地下浸透量や地下水涵養量が増え，結果として湧水量が増加したものと考えられる．

一方，市街地からの面源負荷増大に対処するために，市街地からの雨水を一時貯留する"雨水調整池"を活かした対策を検討した．雨水調整地では，雨水と共に流れ込んできた市街地起源の汚濁物質も貯留・トラップしているが，雨水調整地は治水目的で設計されているため，必ずしも汚濁物質を効率的にトラップできていない．そこで，護岸工事に用いられるかごマットを用いて，調整池内に簡易的な流路を設け，汚濁物質の懸濁態成分の滞留時間を長くする，という改良を施した（図6.9）．ここでは，調整池全体にわたる改良（全体改良）と流入口付近のみの改良（部分改良）という2種類の改良を行った[8]．その結果，改良前後における土砂・窒素・リン堆積速度の比（＝改良後／改良前）は，全体改良においては1.8～3.1倍，部分改良では2.8～11倍となり，調整池改良に

(a) 改良前後の調整地の様子

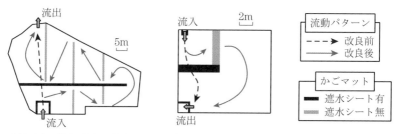

(b) 全体・部分改良のかごマット設置状況

図6.9　雨水調整地改良による市街地面源負荷削減効果

よる市街地面源負荷削減効果が大きく向上していることが示された．

このような対策を流域全体にわたり実施し，かつ，その他の様々な対策を総合的に推進しており，今後の印旛沼・流域の環境再生が期待される．

6.1.4 貧栄養化

これまでは富栄養化の現状や対策について記述したが，富栄養化とは反対である**貧栄養化**（oligotrophy）の問題も指摘されている．瀬戸内海は全国有数のノリ養殖海域であるが，ノリの生産枚数は1990年代後半以降，減少し続けている．これは「ノリの色落ち」が生じているためであり，その主要因が溶存性無機態窒素DINの不足によるものであることが指摘されている[9]．ノリの色落ちと同じく，漁獲量も減少しており，栄養塩不足が海域の生産力低下と関係しているものと推察される．そのため，内湾では水産資源を考慮した適正な栄養塩管理が必要となっており，今後の閉鎖性水域管理の在り方に大きな影響を与えている．

6.2 ダム

6.2.1 ダムの概要とそれに関連する環境水理学的課題の概要

ダムは貯水池の容量を用いて河川の流量変動を貯水することによって下流河川の洪水被害を防止・軽減しており，またその貯水を低水時や渇水時に補給し，水供給の安定化に貢献している．一方で，ダムの存在と運用は，下流河川の水質や生態環境に少なからず影響を及ぼす．ダム貯水池内の改変として，水温の変化，水質の変化（富栄養化），濁水の長期化，餌となる有機物供給の変化が加わり，これらがダム下流に放流されることになる．一方，ダム運用による流況の変化とダム堆砂による土砂動態の変化は，下流河川の物理環境（河床地形（砂州，瀬・淵環境），河床材料，植生など）に変化を及ぼす．こうした物理環境の変化の上に，貯水池による水質の変化が複合して下流河川の生態系や水利用（景観，上水道など）に影響を与える[10]．近年では，こうしたダム貯水池の水質変化や堆砂問題に対処するために，平常時のみならず洪水時においても貯水池内の様々な標高から放流可能な設備を設置して貯水池内の流動を制御した

半管路型高圧ラジアルゲート付き常用洪水吐

図6.10　ダム放流設備のレイアウトの例(奈良県大滝ダム)

りする事例が見られる(図6.10).

ダム貯水池による改変では，水温や懸濁物質濃度の差によって生じる流体の密度差による成層化(3.2.2参照)が重要である．水温成層は表水層の日射吸収によって生じる現象で，水温躍層の下に位置する深水層では，有機物の分解や有機堆積物による酸素消費により**嫌気性**(anaerobic)となりやすい[11]．ダム貯水池の水温分布形状は，3.3.4で示したように，その季節変化特性により全季成層型，二季成層型，一季成層型，中間型，混合型に分類される．日本のダム貯水池の多くは夏季に成層が発達する一季成層型であり，その形成要因により主に気象要因による成層Ⅰ型と流出入要因により成層Ⅱ型に分けられる．こうしたダム貯水池の特徴は，一般に次の指標値で分類される[11]．

・年平均回転率(mean annual turnover ratio)：$\alpha = Q_0/V_0$　　　(6.1)

・平均的内部フルード数(mean internal Froude number)：
$$F_D = (L/H_0) \times (Q/V_0) \times \sqrt{(\rho_0/g)/(-d\rho/dz)} \quad (6.2)$$

ここで，Q_0：年間総流入量，V_0：総貯水容量，L：貯水池長，Q：平均流量，H_0：平均水深，ρ_0：基準密度($\fallingdotseq 1.0\mathrm{g/cm^3}$)，$-\mathrm{d}\rho/\mathrm{d}z$：平均密度勾配である．**表6.1**は，上記2つの指標を用いた成層の分類を示す．ここで，F_{D7}とα_7は成層が最も発達する7月の諸量を用いて定義されたF_Dと月回転率である．

貯水池内における各種流れを図6.11に模式的に示す．平常時において日射

表6.1 水理・水文指標による成層型の分類[1]

定性的性格	F_{D7}	α	α_7
成層型	0.01以下	10以下	1以下
成層型（成層Ⅱ型）または中間型	0.01～0.03	10～20（例外あり）	1～5（例外あり）
混合型	0.03以上	20以上（例外あり）	5以上（例外あり）

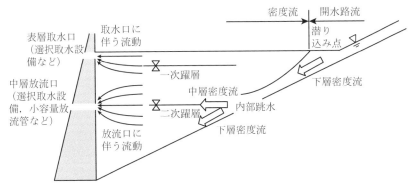

図6.11 貯水池の成層化と流入・流出に伴う貯水池内の各種流れ

によって成層化が進んだ貯水池は，大気と水の境界面で風に誘起される流れ，表面波，内部波（内部静振），連行といったせん断の相互作用や蓄積効果で鉛直方向の循環流と混合現象が発生する．洪水時には，やや低温かつ土砂濃度の高い高密度の河川水が貯水池内に流入し，潜り込み点から潜り込んだ密度流が，途中で内部跳水を発生させながら分岐し，取水設備や放流口に導かれる中濃度の中層密度流と，湖底に沿ってそのまま流動する下層密度流が形成される．

貯水池における水質問題は，このような平常時の貯水池内部の成層構造と洪水時の流動形態，さらには，流入する濁質や栄養塩類の特性に大きく影響される．また，ダム堆砂問題は，上流域の土砂生産，洪水時に流入する様々な粒径の土砂の貯水池内部での輸送形態と**分級**（sorting）・堆積特性に大きく依存する．さらに，ダム下流河川の河道環境に対する影響は，これら水質，堆砂問題に加えて，ダムによる流況変化に伴う洪水撹乱機会の減少が大きく影響してい

る．次節以降でこれら諸問題と解決策の取り組みの現状を概説する．

6.2.2 貯水池水質管理

　貯水池がその機能を発揮するために，貯水池内の水や貯水池からの放流水の水質を良好に保つよう管理することが重要になる．貯水池水質管理では，モニタリングによって現状を把握し，問題が確認されれば，その対策が検討される．モニタリング手法は進歩し，主要な水質項目の湖内の鉛直分布を自動観測する計測器が用いられている貯水池もある．また，貯水池の水質に関わる現象の理解，将来の水質の予測，水質保全・改善対策の評価・検討のために，数値シミュレーションが用いられ，その手法も進歩してきている[12]．

　貯水池水質に関連する主要な問題としては，冷水放流，濁水長期化[13]，富栄養化[14]が挙げられる．冷水放流は貯水池内の水が水温成層を形成した場合に，低水温の底層水を取水して放流することで，放流水の水温が貯水池に流入する河川水の水温よりも低くなる問題である．下流域での稲作や下流河川の生態系への影響が懸念される．また，近年では冷水放流のみだけでなく，放流水温を流入水温に近づけることが重視され，ダム建設時の**環境影響評価**（environmental impact assessment）では，予測される放流水温を過去10年間の流入水温の変動幅と比較して対策の要否が検討されている．濁水長期化は，出水が生じた際に濁水が流入して貯水池内に滞留し，出水が収まって流入河川水の濁度が小さくなった後も，貯水池からの放流水の濁度が長期にわたって大きくなるものである．貯水池および下流河川の景観上の問題となる場合が多い．富栄養化は，貯水池の栄養塩濃度や水温，水の滞留などの条件によって，植物プランクトンが大量に発生して集積することで，アオコ，**淡水赤潮**（fresh water red tide）等と称される景観障害や異臭味障害の発生，下流での浄水場におけるろ過障害などの問題が生じるものである．

　上述の問題に関係する現象の物理的および生物化学的なメカニズムについては他章を参照することとし，本節では実際の貯水池で実用化されている主要な水質保全・改善対策について以下に紹介する（図6.12）．

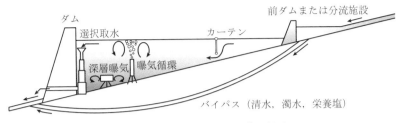

図6.12 水質保全・改善対策の概要

(1) 選択取水

選択取水 (selective intake) は，貯水池内の任意の標高から取水する手法である[15]．この手法により，水温成層が形成されている貯水池において表層に近い温かい水を取水することで，冷水放流問題の解決がほぼ可能になってきている．この他，放流水温の調節や，濁水長期化対策（高濃度濁水塊の早期排出，低濁度層からの取水），富栄養化対策（藻類増殖抑制のために水温分布を調整）などの目的にも用いられる．このための設備としては，選択取水設備及び表層取水設備[16]があり，その選択取水ゲートには，直線多段式，直線多重式，半円形多段式，円形多段式，多孔式，多管式等の様々な形式が実用化され，設置場所，使用目的，取水条件等に応じて選定されている．また近年では，鋼製のゲートではなく逆V字形のサイフォン管頂部に圧縮空気を出し入れすることで止水・通水を行う連続サイフォン形式の選択取水設備の設置事例が増加している．連続サイフォン形式は鋼製ゲートや開閉装置が無く，維持管理コストの縮減が期待されている．

(2) 曝気循環

曝気循環 (aerating circulation) は，圧縮空気を水中に放出することで上昇する気泡により循環流を発生させて貯水池内の鉛直混合を促進させる手法である[15]．これにより，貯水池表層の水温を下げ，植物プランクトンを下方に移動させて光を遮断するなどして増殖を抑制する．選択取水設備と組み合わせて使用される場合もある．出水後などでは，曝気により水質を悪化させる場合もあり，貯水池毎に貯水池特性に応じた適切な運用が必要である．

(3) カーテン

貯水池内において，上部にフロート，底部に重りの付いたカーテン（またはフェンスと称される）を設置することで，貯水池内の流動を制御する手法の採用事例が増えてきている．カーテンを貯水池の流入端付近に設置して，栄養塩の多い流入水を光の届きにくい底層に導いたり，洪水時に濁水を水温躍層に導いて下流の選択取水設備から早期に湖外に排出したりする利用例が多く，貯水池内の中・下流部に設置される場合もある．カーテンには，流水を底層に導くことを目的とした固定式のものや，状況によって表層からも通水できるようにカーテンが上下に移動できる浮沈式のものが開発されている．

(4) バイパス

貯水池を迂回する**バイパス**（bypass）管を設置するものである．貯水池内の水質が悪化した場合に，流入水を直接下流にバイパスして放流水質を良好に保つ清水バイパスと呼ばれる手法がある．また，それとは逆に，栄養塩濃度が高い，濁度が高いなど流入水の水質が悪い場合に，貯水池内の水質を保つ目的で流入水をバイパスする手法も用いられている．

(5) その他

貯水池の底層水が貧酸素化することによって，底泥から鉄，マンガン，硫化水素，栄養塩などが溶出する問題の対策として，底層の水を吸い上げて曝気した後に底層に戻す**底層（深層）曝気**（deep aeration）が行われている．また近年では，**高濃度酸素水**（high oxygen concentration water）や**マイクロバブル**（micro bubble）を底層に供給する手法も開発されている．さらに，貯水池に流入する栄養塩を除去するために，貯水池の上流に前ダムを設置して前貯水池を形成し，窒素やリンを沈める方法が実用化されている．

個別の貯水池の流動現象を十分に把握して対策を選定し，適切なモニタリングによって，その効果を把握し，運用方法の改善などにフィードバックしながら水質管理をしていくことが重要である．

6.2.3 貯水池土砂管理

(1) 土砂問題の現状

日本の河川では，掃流砂・浮遊砂・ウォッシュロードの形態により土砂が輸送されており，これらの粒径別構成比は一般に礫：砂：シルト・粘土＝(0〜10%)：(35〜40%)：(50〜65%)程度といわれている[17]．これらの土砂がダム貯水池に流入すると，図6.13に示すように貯水池の持つ堆積特性に応じて粒径ごとに分級された堆砂**デルタ**(delta)が形成される．

貯水池内の堆砂領域は，①**頂部堆積層**(topset beds)，②**前部堆積層**(foreset beds)および③**底部堆積層**(bottomset beds)に大別され，デルタを構成する①および②には河床を転動してきた掃流砂および浮遊砂のうち粒径の比較的粗い部分(0.1〜0.2mm以上)が堆積している．このうち②はデルタの肩を通過した掃流砂がその直下に堆積し，それに浮遊砂による影響が加わって形成される比較的勾配の急な部分である．デルタは一般に時間経過とともに前進すると同時に，その上流端は上流へ遡上していく．ダム直上流に水平に堆積した③の堆

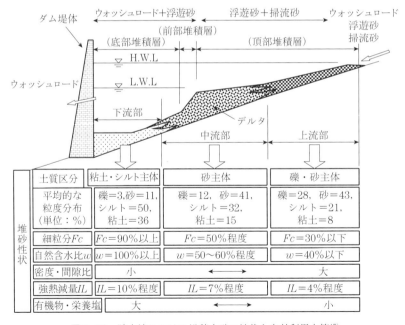

図6.13 貯水池における堆積土砂の性状と有効利用方策[17]

積物はほとんど粒径が0.1mm以下のウォッシュロードであり，主に濁水の密度流に起因するものである．なお，ウォッシュロードの一部は，放流設備を通じて水流とともに下流へ流出し，この境目となる粒径はダム貯水池規模や貯水池回転率などで異なるが，概ね0.01mm程度と言われる．ダムの堆砂形状は，流入土砂の粒度，水位変動，貯水池形状，貯水池位置，堆砂率等の要因に影響され，堆砂面は必ずしも水平でなく，標高の高い部分では**有効容量**(active storage capacity)の減少や**背砂**(back sand)現象という事象が現れやすくなる．

　ダム貯水池の堆砂問題は，ダム貯水池における発電等取水口の土砂埋没問題，貯水池上流河道の背砂による洪水氾濫の危険性の増大，利水・治水容量の減少，ダム下流河川への土砂流出量の減少と河道部の砂利採取が複合的に影響する河床低下や海岸侵食などがある．日本では，堤高15m以上のダムがこれまでに約3,000箇所建設されている．国土交通省では，1977年以来，貯水容量100万m^3以上の貯水池に対して堆砂状況などを継続的に調査しており，現在の1ダム当たりの**総貯水容量**(gross storage capacity)に占める堆砂量の平均割合（全堆砂率）は約7.8%である．これをダム完成後の年数で割ると年平均0.24%程度の速度（単純計算で約400年で満砂）で貯水池容量が失われている計算となる．

　日本における貯水池土砂管理は，大別すると**図6.14**に示すように，貯水池への流入土砂の軽減対策，貯水池へ流入する土砂を通過させる対策，貯水池に堆積した土砂を排除する対策に分けられる（**口絵6.2，6.3**）．

(2) ダム貯水池への流入土砂の軽減対策

　ダム貯水池への流入土砂の軽減対策としては，貯水池の末端部に設置される貯砂ダムが挙げられる．近年，いくつかのダムでは，**貯砂ダム**(sediment trap dam)から掘削した土砂を，ダムの下流へ運搬・仮置きし，洪水時の放流や**フラッシュ放流**(flushing flow)等に自然流出・流下させて，粗粒化が進行した下流河川の河床や底質環境の改善を図る**土砂還元**(sediment augmentation)試験が実施されている．このような土砂還元試験は，流砂系総合土砂管理の観点から，ダムで遮断された流砂の連続性を簡易な形で回復させる有力な手法の一つとして全国の20箇所以上のダムで試行されている[18]．

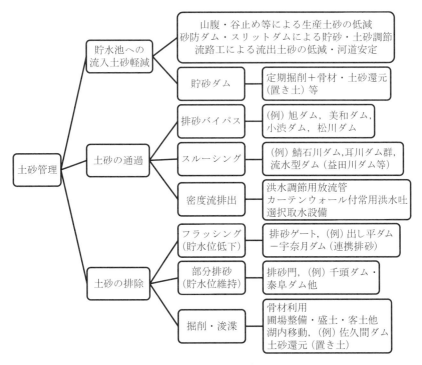

図6.14 貯水池堆砂対策の分類

(3) ダム貯水池に流入する土砂を通過させる対策

　ダム貯水池に流入する土砂を通過させ，堆積量を軽減させる対策としては，貯水池を迂回させる水路を設け，流入してくる土砂をダム下流までバイパスさせる**排砂バイパス**(sediment bypass) と，土砂を含む高濃度の流水の特性を利用した貯水池からの**密度流排出**(density current venting) が採用されている．バイパス水路の事例としては，新宮川水系旭ダムや天竜川水系美和ダムがある．旭ダムは，2011年9月の台風12号に伴う大量の流入土砂を効果的にダム下流へ排出することに成功した．また，神戸市水道局の布引五本松ダム(1900)には完成直後の1908年にバイパス水路が建設され，六甲山系からの大量の土砂流入を大幅に減少させたと評価されている[19]．密度流排出の事例としては，穴あきオリフィス前面にカーテンウォールを設置した天竜川水系片桐ダムがある．また，排砂ゲートを兼用した底部のゲートレス放流管のみを有する**流水型**

ダム (flood mitigation dry dam) が島根県益田川ダムなどで建設されてきており，土砂を貯めないダムとして注目される．

(4) ダム貯水池に堆積した土砂を排除する対策

ダム貯水池に堆積した土砂の排除策としては，機械力等により土砂を採取する方法と**排砂ゲート** (scouring gate) により一時的に貯水位を低下させて流水の掃流力により土砂を排出する**フラッシング** (flushing) がある．フラッシングの事例としては，黒部川水系出し平ダム (1985)・宇奈月ダム (2001) の連携排砂があり，世界的に見ても大規模なプロジェクトとして注目されている[20]．なお，フラッシングと同様に，洪水時に貯水位を一時的に低下させて新たに流入する土砂を通過させる**スルーシング（通砂）**(sluicing) がある．一方，貯水位を低下させずに効率的に土砂を排出する手法として貯水池とダム下流の水位差を利用した**土砂吸引排除システム** (HSRS：Hydro-suction Sediment Removal System) の技術開発も進められている．

6.3 河川の樹林化

6.3.1 樹林化現象とその環境水理学的課題

河川は本来，不安定で流動性に富む．洪水のたびに河道が**撹乱**（disturbance）を受けるためである．例えば，扇状地や自然堤防帯で見られる鱗状砂州や交互砂州では，洪水でその形状が変化し，砂州上の生態系も大きなインパクトを受ける．一般に砂州上の生態系では陸域とは異なり，流水や土砂による撹乱と破壊が繰り返し起きるため植物が多くなく，砂州より少し高い高水敷に生育する植物も草本から木本への遷移は容易に進まないと考えられてきた．しかしながら，この50〜60年間の河川景観の変化をみると，現実には多くの河川で川幅が縮小するとともに，草地や樹林地といった安定的な植生域が拡大しており[21]，河川の**樹林化** (expansion of tree cover) と呼ばれる現象が進行している（口絵6.4）．

図6.15は樹林化が進行した河川の例である．一級河川加古川（流域面積：1,730km^2）の河口から23-24km地点における河道景観の変遷である．第二次世

(a) 1947年10月（米軍撮影空中写真（国土地理院））

(b) 2007年11月（国土交通省姫路河川国道事務所提供）

図6.15　樹林化の例（加古川河口23-24 km付近）

界大戦後まもない1947年には砂礫の交互砂州であった河川景観が，時間の経過とともに植物が侵入し，2007年には砂州の大部分が樹木に被われていることが分かる．また，1947年の写真では砂州のまわりを蛇行していた低水路も，2007年には樹林化や河川改修により流路が固定され直線的に流れるようになった．

このような樹林化は，大規模出水時に流下阻害となり治水上の課題となる．また，玉石河原に代表されるように，川らしい流動性豊かな河川環境や，河川特有の**生物多様性**(biodiversity)を大きく変質させており，河川環境保全の観点からも課題となる．

河川に樹木が過剰に繁茂するシナリオの一つとしては，後で詳述するように，土砂動態の観点からは礫床への細砂の堆積，草本の侵入，木本への**遷移**(succession)といった植物生態学的プロセスが提示される．一方，その原因は対象とする流域や河川によって諸説さまざまである．治山による流入土砂量の減少，上流ダムによる洪水攪乱の規模や土砂量の減少，河川改修・砂利採取による澪筋の固定化と砂州比高の拡大，河川の富栄養化の進行などが例示される．この他にも，川の草木は少なくとも1970年代までは，肥料，飼料，煮炊きの火力材として流域住民により利用されてきたことや，それ以降も河川管理によ

る刈り取りが行われていた経緯もあり，自然遷移が人為的影響により抑制されていたことも考えられる[22]．以上掲げた様々な要因は，定量的に評価することが難しい場合も多いため，現状では樹林化現象の統一的な理解を難しくしている．このように樹林化現象の解明には，自然科学からのアプローチのほか，人文・社会科学からのアプローチも必要不可欠であり，環境水理学における最新の研究課題の一つとなっている．

6.3.2　全国河川における樹林化の現状

我が国の河川における樹林化傾向を見てみると，1960〜70年代初頭において砂州・高水敷に占める樹木面積の割合はおおよそ10％であった[23]．1990年代にはその割合は20％に増加し，その後2000年代でも同様の割合となっている（図6.16（上））．特に，1990〜2000年代にかけては，それまで**礫河原**（gravel bed）などの裸地空間が多く見られた扇状地において，他の河川区間と比較して樹木の増加率が非常に高い．

一方，砂州・高水敷において樹林を形成する樹種は，地域ごとにその分布傾向が異なる（図6.16（下））[24]．北海道や東北など日本の北部ではヤナギ類が，九州や四国など日本の南部ではメダケやマダケといったタケ・ササ類が優占している．また，中部から東北にかけての比較的標高が高くて寒冷な地域の河原では，**外来植物**（exotic plant）のハリエンジュが多く生育する．以上の3種は，それらの構成割合が地域によって異なるものの，合計するといずれの地域でも面積割合が60％を超える．なお，タケ・ササ類は厳密には草本に分類されるが，水理挙動が草本よりも木本に近いため，ここでは木本類として取り扱っている．

6.3.3　樹林化に到る植生遷移のプロセス

河川に草地や樹林地が安定的に拡大するプロセスについては，流れや土砂移動といった水理作用や植物の物理・生物作用との関係から解明が進められてきた．このうち，水理作用としては，撹乱の主役である洪水や土砂供給の減少により河川地形の変化が少なくなり川幅縮小や河床低下が進行したことで，それまで裸地であった箇所に植物が増えたと考えられている．また，これとは逆に，川の形を変化させない程度の小規模洪水による土砂運搬をきっかけにして，植

第6章 ■ 流域圏における環境水理学的な課題の現状と対策

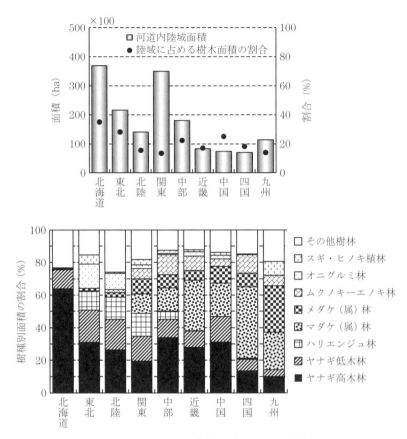

図6.16 地域別に見た樹林化の割合（上）と種別（下）
（全国117河川で1999年度から2008年度に調査されたデータを集計）

物が急激に増えるパターンや洪水時に樹木が倒伏することで樹林化が促進される事象の報告がされている．これに伴いシミュレーションモデルによる評価技術も高度化され，洪水規模の大小を考慮に入れて，対象とする河川箇所の砂州が裸地状態で維持されるか，もしくは再び樹林化が進行するかといった整備後の河川管理に応用する試みも見られるようになってきた[25]．

特定の河川区間に限定して樹林化のプロセスを考察すると，扇状地にある河原では，流域の改変あるいは砂利採取の影響によって洪水後の砂州地形において相対的に礫分よりも砂分の量が増えていること，また，河原のような礫下に

も種子が多く存在していることなどが指摘されている．後者に関しては，実際に那珂川（茨城県）の河原での調査結果により，深さ10cmの礫中に種子が1,000個/m³存在することが報告されている[26]．この値は森林での種子数（条件により差があるが300-3,000個/m³）と比較しても少なくなく，元々，河原環境は植物が生育できるポテンシャルを持っていると考えられる．したがって，近年になって樹林化が進行している要因の1つには，河原に礫が少なくなり，砂成分が増えることで草本や樹木が生育し易い土壌環境が整ったことが考えられる．

一方，流れや土砂移動の影響が比較的少ない河川区間では，河道内の樹木利用が減少しており，これが樹林化の要因となっている．実際に1970年代までは川の樹木が煮炊き用の材料として利用されていたが，その後の石炭・石油やプロパンガスの流通によって利用されなくなっている．さらに，河川整備によって堤間内に耕作放棄が増えたことによる竹林の増加や，樹木利用を介した河川敷の利用も減少するなど，人の関与が減少したことの影響も指摘されている[22]．

また，この他にもハリエンジュなど外来植物の侵入によって樹林化が進行するというような，生物的な撹乱現象による樹林化の進行も考えられる．

以上より，樹林化問題を解決するには，砂州及び高水敷上の生態系に直接的・間接的に作用する様々な要因の程度がそれぞれに異なることを理解し，さらに背景にある流域での人の生活との関わりも含めて，樹林化現象を考察することが必要である（図6.17）．

6.3.4 樹林化対策とその効果，現象解明への今後の課題

(1) 樹木管理における対策と効果

樹林化を抑制する対策としては，すでに大きく育った樹木を河川から持ち出す場合，伐採や除根が主な方法である．対策を有効なものとするためには，再樹林化が起こりえないように対策を施すべきである．すなわち，ヤナギ類，ハリエンジュ，タケ・ササ類はそれぞれ，樹種の持つ生理的特性により再生戦略が異なることから（表6.2），対策方法もこれに合わせて選択するのが良い[24]．例えば，ヤナギ類は，枝や株からの再生が強く，根からの再生は乏しい．このため株を取り除けば，根から再生することは少ないと考えてよい．ただし，枝

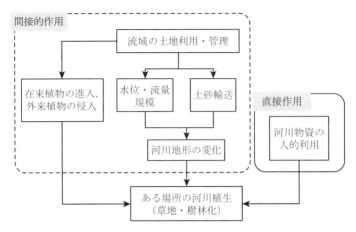

図6.17 河川植生（草地・樹林化）の成立に係わる外的要因

表6.2 主要3種の再生戦略様式の違い

再生戦略	ヤナギ類	ハリエンジュ	タケ・ササ類
枝からの再生	○	×	×
株（幹）からの再生	○	○	×
根（地下茎）からの再生	×	○	○

○：強い　　×：ほとんど無いか全く無い

打ちした残枝が作業現場に残ると枝から再生する可能性が高くなるので，河川から持ち出す際に注意を要する．一方，ハリエンジュは株や根からの再生が強いため，株と根を取り除かない限り，再樹林化の起こりうる可能性が極めて高いといえる．

また，高水敷の切下げなどの大きな地形改変を伴う場合，整備した場で樹木の枝や根が一掃され裸地状態となる．この際，河川水面や地下水面が切下げ前よりも相対的に近くなると土壌の保水性が高くなり，裸地面による光条件の改善も相まって，以前よりも樹林化が促進されることもあり得る．

以上のように，対象となる場の地形や水理量などの物理的な条件や植物の生理的条件を踏まえて，整備後の環境変化がどのようになるか想定し，適切な対策を実施することが重要である．

(2) 今後の課題

　これまで述べてきたように，樹林化の実態や植生遷移のシナリオはある程度のレベルで分かってきた．しかし，人為的撹乱も含めて複合要因が絡みあう現象の本質を勘案すると，樹林化の原因を一つに限定することはできない．さらに，実河川における樹林化対策では，シナリオに代表される現象のプロセス解明に加えて，効果的な対策方法の検討，対策後の環境変化の予測などが課題として浮かび上がる．現在までに，樹林化現象の進行過程に対する実証研究の例はあるものの，樹林化への対応策や環境変化の予測を取り扱った検討はあまり多くない．また，第二次世界大戦後から治山・砂防，緑化などの技術進歩により山地崩壊は少なくなった分，河川へ供給される土砂量が激減し，物質循環が変容されてきた．そのため，樹林化をはじめとして，山地流域での対策が下流の河川環境に及ぼす中・長期的な影響を的確に予測する技術も必要となる．

　現象の理解とそれに基づく管理技術の確立のためには，水・土砂・栄養塩など流域圏での物質循環との関連性のなかで，ターゲットとする河道において顕在化する河川植生の消長過程を浮かび上がらせることが重要となる[21]．しかし，そのモデリングは複雑にならざるを得ず，現状では現実的でない．したがって，この樹林化現象のモデリングにおいては，取り扱う樹林化の明確な定義や課題解決に必要な情報，要求される精度などを明確にすることが重要である．

　樹林化が治水上の流下能力の課題となる河道区間では，樹木の存在による河積の減少，洪水時の水位上昇への影響の把握，伐採，砂州や高水敷の切り下げ効果の評価などが重要となる．この場合，樹林を伴う流れの抵抗則を確立させなければならず，それに必要とされる精度で透過係数，粗度係数，抗力係数，樹林密度などの情報が要求される．流下能力の確保に向けた河道設計へモデルの結果が反映できることなど，具体的かつ詳細な現象記述が必要であり，また，洪水期間といったような比較的短時間スケールでの現象がモデリングのターゲットとなる．

　一方，在来種が生育・生息できるような河原環境など，河川景観の保全の観点から樹林化問題を捉えた場合，将来的な流量の不確実性や河道を持続的に管理するためのコスト面の制限などを考えると，より長期的スケールで樹林化を診断するようなアプローチがモデルとして有効である．この場合，現状の詳細

な植生分布や河道地形の情報よりも，長期動態に支配的な現象の本質を如何に切りだして簡素化しモデルに反映するかが重要となる．

これらのモデル化のためには，河川で実際に生じている様々な植生遷移過程を整理し，実証的にそれらを特徴づけ類型化することが効果的である[21]．樹林化現象の解明は，現場で起こる事実の積み上げから多くのことを学ぶ環境水理学の特徴が際立つ研究課題である．

6.4 河川生態系と撹乱の関係

6.4.1 河川生態系における撹乱の要因

(1) 河川生態系の概念

生態系という言葉はイギリスの生態学者タンスリー（A.G.Tansley）[27]が1935年に初めて提唱している[28]．この著書によると，「自然界において生物と生物，生物と外界とは切り離して考えることはできない"まとまり"を作っている．無機的自然とその地域に生活する生物が結びついて一つの系をつくる」という考え方である．さらに「生物と非生物は相互に作用しあい，ある地域の生物の全てが物理的環境と相互的関係をもちエネルギーの流れがシステム内に明確な栄養段階，生物の多様性，生物と非生物の間の物質の循環を作り出すような"まとまり"（生物システム）はどれも生態学的な系，すなわち，**生態系**（ecosystem）である」と述べている．生態系は開放系のシステムであり，入力環境と出力環境の両方を考慮することが重要な概念である[28]．

生態系は自然と環境の合一性についての考えに基づくものであり，正式な記述は1800年代のおわりに，欧米やロシアの文献に示されている．しかし，半世紀後，Hutchinson[29]，H.T.Odum[30]等の生態学者が数量的な生態系生態学分野を発展させてから注目されるようになった．

E.P.Odumの基礎生態学[28]によれば，生態系の概念は生物と無機的外界が作り出す系であり，その構成要素は生物部分と非生物部分に分けられる（図6.18）[31]．生態学の分類の基準として，群集や個体などのレベルに基づく分科，自然分類に基づく分科，および生物のすみ場所に基づく分科，研究法などに分けられ，河川生態学は生物のすみ場所の分科に位置づけられている．沖野[32]は，

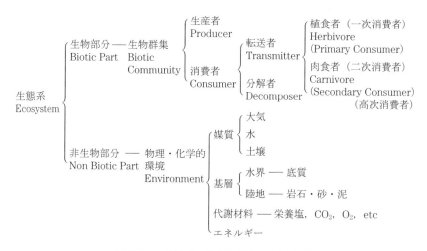

図 6.18　生態系の構成要素[31]　（転写作成）

この基本的な構成要素の区分に基づき，河川生態系を河道内の表流水生態系と河川敷生態系に区分し，河川生態系の形成要因を説明している．

河川生態系の特徴は，湖沼のような閉鎖型の生態系と異なり，開放型の生態系である．すなわち，河川は流水により物理的・化学的にも河川縦断構造のセグメントごとに大きく変化し，河床砂礫や生物群集の動態に大きな影響を与える．一般的に，河川は上流の山地・渓谷から速い流れではじまり，扇状地を流れ，やがて自然堤防や後背湿地の勾配の小さい平野部をゆっくりと流れ，最後はデルタ地形・河口へと流下し海に至る．

したがって，河川は上流から下流に水の流れが連続的につながっていることが最大の特徴である．源流から河口まで生物相はその環境条件によって適応しながら異なった生物群集をつくる．栄養塩物質・有機物の一部は捕捉され，多くは流失される．さらに，生物の移入により生産者と消費者のエネルギー交換が行われ，やがて下流へと移出する．このシステムは水系として連続的に構成されている．

Vannote et al.[33] はこの動態を「**河川連続体の概念**(River Continuum Concept)」として提起している（**図6.19**）．近年の研究では河川を"まとまり"のある一つの生態系として取り扱う場合は，この連続体の構造として流域全体

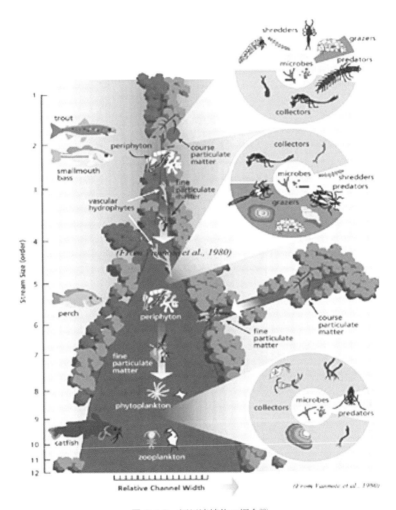

図6.19 河川連続体の概念[33]

を物質系として捉えることの重要性が認識されている．

(2) 撹乱の要因と応答

　河川生態系は河川流域からの洪水流出や渇水などの流量変動による動的で短期的な影響を受ける．また，河川は堰・ダムなどで横断する構造物により長期

的な影響を受け続ける．したがって，生物相の生息環境が著しく改変し，生物種の多様性を劣化させる．例えば，発電ダムなどによる取水は下流への流量の低下をもたらし，河川環境の悪化を招いてきた．このため生態系保全を図る目的で維持流量が検討されるようになった．さらに，流域からの汚濁排水は，水質を悪化させ藻類・魚類などの生息環境に大きな影響を与え，1960年代から70年代には水質汚濁は公害問題として人間を含む生態系に大きいダメージを与えた．これらは生態系へのインパクトとなり長期的にも影響を及ぼすことになる．

このように本来の潜在的な河川生態系は，今日，人為的，自然的な2つの要因に区分される撹乱によるダメージを受けてきたものが多い．土屋[34]は河川生態系の撹乱をもたらす要因を整理した（図6.20）．人為的な要因には水質汚濁，堰・ダム建設，大規模な河川改修工事などが挙げられる．一方，自然的な要因は洪水・渇水，火山泥流，温泉水・酸性水などが存在する．河川生態系にインパクトを与えるこれらの事象を撹乱といい，それに対する生態系への**応答**（response）が最大の関心事となり，生態系の劣化が何をもたらすのか河川の環境管理の課題となる．ここでの「応答」としては生物種の多様性や**現存量**（standing crop）を時間の関数として示すことになる．河川生態系にとってこれらの撹乱は絶えず重複していることが多い．その撹乱の要因は規模と質によって回復が困難であったり，再生には長い時間を要する場合がある．

河川生態系において，**一次消費者**（primary consumer）である底生動物の生息場は河床砂礫の**微生息場**（micro habitat）であるため，洪水・渇水などにより掃流力の増減，濁水などの物理・化学的環境の変化の影響を受けやすく，生息場の健全性を評価するのに有効な**環境指標**（environment indicator）[35]である．短期的なインパクトでは，洪水時の河床の土砂移動や流況変動による撹乱で影

```
人為的要因‥‥水質汚濁，堰・ダム
              建設，河川改修など
自然的要因‥‥洪水，火山泥流，
              温泉・酸性水など
```

図6.20 河川生態系の撹乱と要因

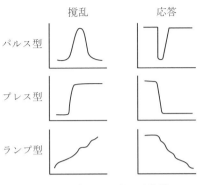

図6.21 撹乱と生物の応答[37]

響される場合と，堰・ダムなどのように長期間にわたり影響するインパクトによって，その後の「応答」は大きく異なる．このような場合，底生動物が影響を評価する指標となりうることを示唆している．近年，底生動物を指標とした研究が多数報告されている．このうちLake[36]は撹乱とそれに対する生物の応答をPulse型，Press型，およびRamp型に分類している（図6.21）．

Pulse型は洪水のような短期間に生じる撹乱，Press型は急激に撹乱が生じ，その後一定のレベルを維持するダム設置，土石流や人為的河道改変のような撹乱に相当する．また，Ramp型は撹乱の強度や応答が経時的に増加，減少する渇水のような撹乱に相当する．

Pulse型インパクトが底生動物群集に与える影響に関しては，生態学分野の立場（御勢[38]）から吉野川における伊勢湾台風後の底生動物群集の回復過程が調査されている．また，渡辺ら[39]は土木分野の立場から人為的なインパクトを想定し，底生動物の回復予測モデルの適用を行っている．しかし，ダムなど人為的構造物によるPress型を意識し，洪水現象が底生動物の群集構造に与える影響の違いを研究した事例は多くないのが現状である．

6.4.2 洪水撹乱の影響に関する研究事例

(1) 洪水撹乱と生物多様性

一般的に撹乱は生物種間の競争排除を妨げる働きがあるが，規模や頻度によりその機能は大きく変化する．撹乱の規模が大きすぎると回復に要する時間が

長く，種の減少を招く場合もある．反対に小さすぎると充分に競争排除を抑えることができない．すなわち，撹乱の規模(流量，洪水頻度など)が大きくとも小さくとも種の多様性は小さくなる．したがって，多様性を保つには適度な撹乱が必要とされる(図6.22)．これは**中規模撹乱説**(intermediate disturbance hypothesis)と呼ばれ[40]，植物プランクトンや陸上植物など広く確認されている．この理論をもとに撹乱規模と生物動態の関連性を確認するため，統計的な取扱いをもとに解析を行っている．

土屋・諸田[41]は，河川における生物多様性を評価する場合の研究として，底生動物を指標に，自然度の高い河川においては，豊水流量の超過確率と生物の多様性を表す**Simpson指数**(脚注1))の関係が上に凸の二次式となることを明らかにしており，適度な撹乱頻度が存在することを指摘し，中規模撹乱説を実証している．しかし，上記の研究は自然河道でダムなどの人為的な構造物が存在していない河川事例のため，短期的なPulse型のインパクトの現象を条件としている．今後はダムの存在のもとで洪水を模した人為的なダム放流を想定した影響予測，実際の洪水現象が底生動物の群集構造や多様性に与える影響を明らかにすることが必要となる．

(2) Pulse型，Press型の撹乱

従来の研究・調査では撹乱規模を示す代表値として年最大日流量，60日流量，標準偏差が使われることが多いが生物調査が少ないなど撹乱の応答を充分説明

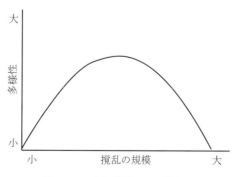

図6.22　中規模撹乱説の模式図

できてない[42]．ここでは，撹乱規模となりうるものとして流量変動の統計的確率手法から算出し，一年間における豊水流量の超過確率を適用した．また，渇水流量に対しては超過確率の検討を行っている．河川の年間流量特性は流況曲線が用いられる．すなわち，95日目，185日目，275日目，355日目の日流量をそれぞれ豊水流量，平水流量，低水流量，渇水流量として指標化している．ここでは豊水流量を洪水撹乱が起こりうる流量と仮定し，これを超えうる確率，つまり超過確率を撹乱規模に相当する値と定義している（図6.23）．年間の日流量の度数分布は対数正規分布に従う．

よって，この対数正規分布から豊水流量の超過確率26.8%を求めることができる．これは一年間の中規模洪水から大規模洪水の撹乱頻度を表す指標となり

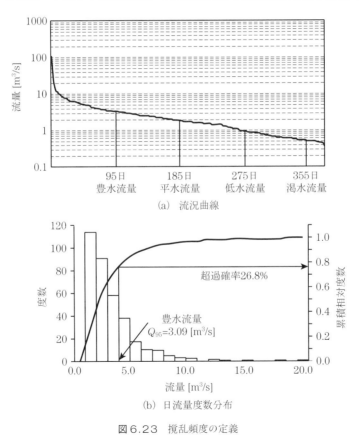

図6.23 撹乱頻度の定義

うる.さらに,洪水だけでなく,渇水によっても底生動物相に対して撹乱が起こりうると考えられる.したがって,流況曲線において355日目にあたる渇水流量も撹乱頻度の指標になると仮定し,この非超過確率と底生動物のSimpson指数の関係を検討している.

東京都多摩川水系・秋川,北浅川および平井川において撹乱規模としての豊水流量の超過確率と多様性を表すSimpson指数の関係を図6.24に示している.横軸に超過確率,縦軸にSimpson指数をとり,プロットされた点に対して,2次曲線の近似を試みた.その結果,秋川と北浅川では相関性のよい近似が得られた.自然度の高い秋川においては流量の一部に欠測もあり,データ数は充分に揃っていないが,最大値をもつ凸型の2次曲線に対して0.887と良い相関が得られている(図6.24(a)秋川).北浅川においても同様の検討を行なった結果,秋川と同じく二次曲線に近似する関係を示した(図6.24(b)).北浅川は相関性については秋川ほどでは高くない.したがって,この2次式を**中規模撹乱曲線**(intermediate disturbance curve)と定義すれば,一般的に次のように示される.

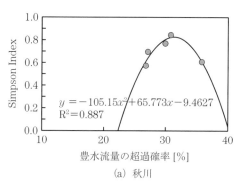

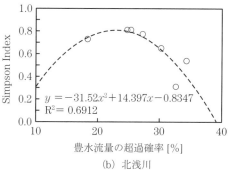

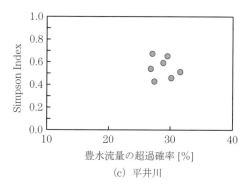

図6.24 洪水撹乱の頻度とSimpson Index

$$y = -ax^2 + bx + c \tag{6.3}$$

ここで，y：多様度あるいは種類数，x：撹乱頻度あるいは規模，a, b, c：河道の流況特性で決まる係数である．

一方，12年間にわたり連続的に河川改修工事が実施された平井川は豊水流量の超過確率と生物多様性との間に有意な関係はみられない（図6.24(c)）．この結果は，ほぼ一か所にプロットが集中していることから，河川改修工事が長期に続いたためPress型の撹乱の典型例といえる．

さらに，渇水流量の非超過確率と底生動物のSimpson指数を検討している．その結果，秋川ではあまり有意な関連性は見られなかったが，北浅川においては最大値を持つ二次曲線と相関の高い状態で近似できている．自然度の高い秋川でこれらの関係が明確に現れなかったため，渇水による撹乱と生物多様性との関係を考察するために，さらなるデータを蓄積した検討が必要である．

以上の検討より，多摩川水系において自然度の高い河川では流量変動による撹乱頻度と底生動物群集との関係は豊水流量としての中規模洪水撹乱によって説明できうると考えられる．これは撹乱が競争排除を妨げる働きをし，強すぎると個体数が回復されず多様性が減少する．反対に撹乱が弱すぎても競争排除をとどめることができない．適度な撹乱がある状態で多様性は最大になるというConnellの中程度撹乱説[40],[43]を検証している．

したがって，底生動物にとって最も高い多様性を保つ撹乱頻度が存在することをこの手法で確認することができるものと考えられる．この研究の解析結果を整理すると，図6.24に示すように秋川では年間で豊水流量を超えうる確率31.3%のとき最も高い多様度を示すと推定できる．多様性をSimpson指数で示すと，このときの最大値は0.823である．北浅川は豊水流量の超過確率は22.8%のときSimpson指数0.809となり最大値を示した．さらにSimpson指数が最も高い値を示す渇水流量の非超過確率は北浅川では6.9%であり，このときのSimpson指数は0.850である．

6.4.3 河川生態系の回復に向けて

本節では河川生態系と撹乱の関係を主に底生動物を指標として述べてきた．

Odum[28]が述べているように,水の流れは溶存気体や栄養塩の濃度に大きな影響を与えるだけでなく,種のレベルの制限要因として,あるいは群集レベルの生産を増加させるエネルギー補助として直接作用する.そのため,川の中の動物や植物の多くは流水の中で自らの位置を維持するために形態的,生理的に適応している.河川という特殊な環境要因では明確な耐性の限界を持っていることが知られている.一方,水の流れは,生物生産力を高めるエネルギー補助として湿地生態系においては生産力の鍵になる.湿地林では増水や水位変動は生産力を高める補助となり,流れは「停滞」より「ゆっくりした流れ」が,さらに「季節的洪水」は生産力を一層増大させることをConner and Day[44]で紹介している.本研究で対象とした底生動物は,Pulse型の洪水では,御勢[38]が示した図6.25のように,吉野川における伊勢湾台風後の底生動物の現存量の増加が河川の上流から下流に向かって見られ,かつ各箇所の現存量が**極相**(climax)に至るまで数年を要していることが分かる.この数年の間には中小規模の洪水撹乱があったとしても着実に回復することを意味している.これは河川が洪水や渇水という動的インパクトがあっても生態系は時間とともに「動的安定」を保つことができている.しかし,Press型の撹乱は完全な生態系の再生を図ることは限界があり,下記のような人間の直接的,補完的な手法によって回復を図ることが試みられている.

近年は自然再生,生物多様性を図る動きが見られるものの,河川のダム下流での維持流量の確保だけでは,生物多様性の保全さらにはダム建設以前と同じような生物相を回復させることは極めて困難である.我が国の河川は,台風・

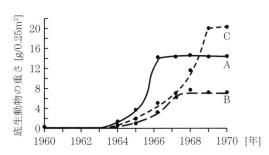

図6.25 吉野川における伊勢湾台風後の底生動物の現存量の増加曲線 A:筏場(最上流),B:迫(上流),C:上市(中流) (御勢[38]より転載)

梅雨期の洪水によるダイナミックな流況変動が特徴であるが，ダムは土砂供給量を減少させるとともに洪水流量を貯留し，平滑化させるため，下流への撹乱の強さを弱めるとともに，その頻度を減少させる．このため，ダムのさらなる有効活用を行うことによって河川本来のより自然な流況を取り戻し，河川環境を回復させる試みが試験的に実施されている．ダムなどにより流量コントロールや下流への土砂供給量の減少等の人為的インパクトを受けた河川においては，ダム下流の河川環境改善を目的としたフラッシュ放流試験，ならびにダム貯水池に堆積した土砂の排砂，置き土還元試験が実施されるようになってきた（6.2.3参照）．このような対策に期待したい．今後は限られた水資源を利用した河川生物の生息環境の改善，生物多様性の保全には効果的なダム放流量の規模や頻度が課題となる．6.4.2 (2)で示した中規模撹乱曲線を意図したダム放流を試験的に行い，生態系の回復を検証する取り組みが重要となる．

河川生態系は相互に影響し合う被食-捕食の関係が人間を含む上位の生物を支えており，この様な関係は河川に限らず地球上どのような場所でも見られている．このため，底生動物の多様性の減少は，被食-捕食の相互関係により構築されている河川生態系のシステムが機能しなくなることを意味している．生態系サービスとして恩恵を受ける人間にとって，生物の多様性を保全・再生することは必要不可欠な課題であるといえる．

脚注[1]：Simpson指数 *SI*（Simpson Index）

底生動物の多様性評価には，生物群集の多様性を評価する式(6.4)のSimpsonの多様性指数を使用した[41]．Simpson指数は生息場において，限られた数種の生物が他の種よりも優先し,生物量を増やした場合0（ゼロ）に近づき，どの種も優先せず混沌とした状態となった場合1に近い値を示す．底生動物は種によって個体の大きさに差があることから，本研究はSimpson指数を求める生物量として，湿重量を用いた．

$$SI = 1 - \sum (n_i/N)^2 \tag{6.4}$$

ここで，n_iは個々の種における湿重量，Nは種毎の湿重量の総和である．

演習問題解答

第2章

(1) 対象水域の地形に関するデータ，水理条件を決定するデータ（河川：流量と水位，湖沼：河川流量・風・水温分布・日射量など，沿岸海域：潮汐・河川流量・塩分分布・水温分布・風・日射量など），対象物質の流入地点と流入量データなどが必要．また，底面からの溶出や巻上げなどがある場合は，底面の状態に関するデータ（粗度，限界せん断応力など）も必要となる．

(2) 自然系として，河川流量・降水量・蒸発量等のデータを管轄自治体や気象庁から入手できる．ただし，2級河川以下では流量データが無い場合が多く，流出計算からの推定が必要となる場合もある．一方，人工系として，生活用水・農業用水・工業用水など各種の利水量や流域外導入（導出）水量等が必要となる．一般的には大規模事業者以外は個別の使用量が不明である場合が多く，事業者の生産額などから推定することが必要になる場合がある．

(3) 解は次式で表される．[解法は偏微分方程式のテキストを参照されたい．]

$$\bar{C} = \frac{M}{\sqrt{4\pi D_a t}} exp\left(-\frac{x^2}{4D_a t}\right) \tag{1}$$

(4) 式(1)は，標準偏差を $\sigma = (2D_a t)^{1/2}$ とするガウス分布（正規分布）である．よって拡散幅が 2σ であると考えれば，空間スケールと時間スケールとの関係が拡散係数 D_a をパラメータとして表される．

(5) 図に示すコントロールボリューム（CV）を考える．x 方向の移流フラックス uc と拡散フラックス $-\varepsilon_{tH}\frac{\partial c}{\partial x}$ について，x 軸に直交する2つの面での収支をとると，$-\frac{\partial}{\partial x}\left(uc - \varepsilon_{tH}\frac{\partial c}{\partial x}\right)\Delta x \Delta y \Delta z$ となる．y, z 軸も同様に考え，3

方向の総計がCV内の単位時間当たりの物質量増加分$\frac{\partial c}{\partial t}\Delta x \Delta y \Delta z$と等しくなることから，式(2.44b)が導かれる．生成（または減衰）を考える場合には，単位時間当たりの濃度増加（または減少）を表す項r_cを右辺に加えれば良い．式(2.44b)の左辺第2項から第4項の微分を分離し，連続式(2.42)を代入することで式(2.44a)は得られる．

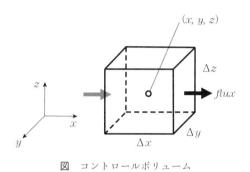

図　コントロールボリューム

第3章

(1) 短波アルベド$r_S=0.08$，長波アルベド$r_L=0.03$の条件で，比湿については参考書等（**3章文献2**）参照）に基づき計算すると，下図のような収支（単位：W/m^2）となり，地中へ28.2W/m^{2}の熱量が流出していることが分かる．

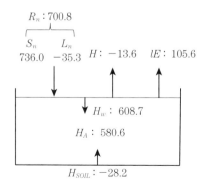

(2) この湖では，湖の長軸方向(8km)と短軸方向(0.4km)にそれぞれ内部セイ

シュが発生する可能性がある．上下層の密度を式(3.12)で計算すると，ρ_1 =998.206 kg/m³，ρ_2=999.851 kg/m³ となり，column 3.3で示した式に代入すると，長軸方向の周期は約13.5時間，短軸方向の周期は約0.674時間となる．

(3) 式(3.22)の右辺をバルク式(3.9)，(3.10)を用いて変形していく．まず，熱伝達係数(heat transfer coefficient) $h_t = C_H U_a C_p \rho_a$ を導入し，バルク輸送係数 $C_E = C_H$ とおき，さらに $q \fallingdotseq 0.622 e/p$ (e は水蒸気圧，p は気圧)を用いて簡単にすると，式(3.22)は以下のように変形される．

$$R_T = h_t(T_w - T_a) + 1.5 h_t(e_s - e_a)$$

水面の水温($T_s = T_w$)に対する飽和蒸気圧 $e_s (= e_{\text{SAT}}(T_w))$ について，近似式を用いて以下のように表現する．

$$e_s = e_{\text{SAT}}(T_a) + (de_{\text{SAT}}/dT)_{T=T_a}(T_s - T_a) = e_{\text{SAT}}(T_a) + \Delta(T_w - T_a)$$

これを上式に代入し，T_w について解いて整理して得られた T_w が式(3.23)の T_{eq} となる．

第4章

(1) 題意より

1) $n = \dfrac{1}{v} \cdot h^{\frac{2}{3}} \cdot i^{\frac{1}{2}} = 0.0347 \, (\text{m}^{-\frac{1}{3}}\text{s})$

2) $k_s = \left(\dfrac{n}{0.0417}\right)^6 = 0.330 \, (\text{m})$

3) $0.330 \div \left(\dfrac{0.5}{1000}\right) = 660$ 倍

自然河床では粒径0.5mmの砂が平面上に整列しているわけではなく，波高0.33mの河床波の発達，あるいは流木・露岩・河川構造物などにより大きな凹凸があるから．

(2) 河床位の変動量 Δz_b を以下の手順で求める．

1) まず上・下流断面の等流水深 h_{01}，h_{02} を求めると，

$$h_{01} = \left(\frac{nQ}{B_1\sqrt{i_b}}\right)^{\frac{3}{5}} = \left(\frac{0.03 \times 2000}{300 \times \sqrt{1/1000}}\right)^{\frac{3}{5}} = 3.0243 [\mathrm{m}]$$

$$h_{02} = \left(\frac{nQ}{B_2\sqrt{i_b}}\right)^{\frac{3}{5}} = \left(\frac{0.03 \times 2000}{400 \times \sqrt{1/1000}}\right)^{\frac{3}{5}} = 2.5448 [\mathrm{m}]$$

次に，摩擦速度 u_{*1}, u_{*2}，無次元掃流力 τ_{*1}, τ_{*2} を計算する．

$$u_{*1} = \sqrt{gh_{01}i_b} = \sqrt{9.8 \times 3.0242 \times (1/1000)} = 0.1722 [\mathrm{m/s}]$$

$$\tau_{*1} = \frac{u_{*1}^2}{sgd} = \frac{0.1722^2}{1.65 * 9.8 * 0.005} = 0.3668$$

$$u_{*2} = \sqrt{gh_{02}i_b} = \sqrt{9.8 \times 2.5448 \times (1/1000)} = 0.1579 [\mathrm{m/s}]$$

$$\tau_{*2} = \frac{u_{*2}^2}{sgd} = \frac{0.1579^2}{1.65 * 9.8 * 0.005} = 0.3084$$

2) 題意より

$$q_{b1} = 8(\tau_{*1} - \tau_{*c})^{1.5}\sqrt{sgd^3} = 0.002028 [\mathrm{m^2/s}]$$
$$q_{b2} = 8(\tau_{*2} - \tau_{*c})^{1.5}\sqrt{sgd^3} = 0.001494 [\mathrm{m^2/s}]$$

3) 上記の回答よりと土砂の連続式より，

$$\Delta z_b = -\frac{1}{(1-\lambda)B}\frac{\Delta(q_b B)}{\Delta x}\Delta t$$

$$= -\frac{1}{(1-0.4) \times \frac{(300+400)}{2}} \frac{0.001494 \times 400 - 0.002028 \times 300}{1000} \times 3600 \times 48$$

$$= 0.008294 [\mathrm{m}]$$

これより，河床は 0.00823m 上昇する．

第5章

(1) 水域での炭素，窒素，リンは有機態と無機態に大別される．有機態物質（有機物）とは炭素Cを含む化合物であり（COやCO$_2$等は除く），生物体を構成・組織している．それ以外の物質が無機態物質（無機物）となる．また，もう一つの分類として，粒子性（もしくは懸濁性）と溶存性がある．これは孔径0.45～1μmのろ紙でろ過して，残留物を粒子性，通過したものを溶存性と呼ぶ．

(2) 河川生態系は主に付着藻類，底生動物，魚類から構成される．河川生態系においては付着藻類が一次生産者として重要な役割を果たし，上流域から供給される栄養塩や大気からの日射により成長する．この付着藻類は底生動物や魚類に捕食され，また一部は剥離しながら河床上にて成長する．底生動物は流下する有機物や付着藻類を餌にして成長し，魚類に捕食される個体もあり，この三者は有機的に連動しているといえる．河川内における栄養塩動態は，流域からの人為的負荷による影響を受けるとともに，連続性をもって流下方向に変化する．

　湖沼生態系は，沿岸帯と沖帯の特徴の異なる生態系から構成される．沿岸帯は水深が浅く，通常，太陽光が十分湖底まで届き，沈水植物を含む水生植物群落が形成され，付着藻類，植物プランクトン，動物プランクトン，水生昆虫，両生類など生物群が豊富で，沖帯を含めた魚類の摂餌場，産卵場，稚魚生息場としても重要な役目を果たしている．一方，広大な沖帯は水深が相対的に深く，主として表層は植物プランクトン，底層は有機物を分解するバクテリアの活動の場となっている．湖沼の水質・生態系に最も影響を及ぼす栄養塩は一次生産者の増殖制限栄養塩であるリン・窒素である．湖沼では流入河川や底泥からのリン・窒素供給によって，淡水赤潮やアオコの発生が問題となることがある．

　沿岸海域の生態系は，浮遊生態系と底生生態系から構成される．浮遊生態系では溶存性栄養塩を吸収して一次生産を行う植物プランクトンが起点となり，魚類等の多様な生物が存在する．一方で，底生生態系では懸濁物食者や堆積物食者による二次生産が起点となる．沿岸海域は外洋に比べて陸域からの栄養塩供給を直接的に受けるため，一般的には生産性が高く生

物の多様性に富む水域である．

(3) 都市河川流域では家庭や工場からの点源負荷が問題となることが多いが，点源負荷の削減対策として下水道整備の進展や水質総量規制等が着実に進められている．また，市街地においては屋根・路面からの面源負荷も大きいことが明らかとなっており，削減技術の開発が急務となっている．

　農地河川流域においては面源負荷が卓越している．農地からの汚濁物質の流出過程としては，一般に浸透能が高いため地下水経由の浸透流出が主である．面源負荷の多い流域では地下水を通した河川・湖沼の窒素汚染が進んでおり，農地からの窒素・リン流出を抑制するために，作付品目や土壌残存窒素量を考慮して適切な施肥量を与えることが重要となっている．

引用・参考文献

第1章
1) 禰津家久,冨永晃宏:水理学,朝倉書店,2000.

第2章
1) Shiklomanov, I.A.: World water resources at the beginning of the 21st century, http://webworld.unesco.org/water/ihp/db/shiklomanov/ (2014年12月現在)
2) 塚本良則 編:森林水文学,文永堂出版,1992.
3) 楠田哲也 編著:自然の浄化機構の強化と制御,技報堂出版,1994.
4) 農業用地下水研究グループ「日本の地下水」編集委員会:日本の地下水,地球社,1986.
5) 海上保安庁:日本沿岸潮汐調和定数表,日本水路協会,1992.
6) Munk, W.H. and Anderson, E.R.: Notes on a theory of the thermocline, J. Marine Res., Vol.7, No.3, pp.276-295, 1948.
7) Fischer, H.B., List, E.J., Koh, R.C.Y., Imberger, J. and Brooks, N.H.: Mixing in inland and coastal waters, Academic Press, 1979.
8) 永禮英明:琵琶湖北湖の水質形成過程に関する研究,京都大学学位論文,2001.
9) 湯浅岳史,雨宮由佳,吉田正彦:印旛沼の水収支および物質収支の算出,日本水環境学会年次講演会講演集,16p.,2006.
10) 二瓶泰雄,大塚慧,影山英将,広瀬久也:東京湾における流入負荷の経年変化,海岸工学論文集,Vol.55, No.2, pp.1226-1230, 2008.
11) 楠田哲也 編著:蘇る有明海―再生への道程,恒星社厚生閣,2012.
12) 辻本哲郎 編:流域圏から見た明日―持続性に向けた流域圏の挑戦―,技報堂出版,2009.
13) 高尾敏幸,岡田知也,中山恵介,古川恵太:2002年東京湾広域環境調査に基づく東京湾の滞留時間の季節変化,国土技術政策総合技術研究所資料,No.169, pp.1-78, 2004.

第3章
1) 気象庁(訳):気候変動2013:自然科学的根拠,気候変動に関する政府間パネル第5次評価報告書,第1作業部会報告書,政策決定者向け要約(2014年3月6日版),2014.
2) 近藤純正 編著:水環境の気象学―地表面の水収支・熱収支―,朝倉書店,1994.
3) Tennessee Valley Authority: Heat and mass transfer between a water surface and the atmosphere, Water Resources Research Laboratory Report 14, Report No.0-6803, 1972.
4) Wetzel, R.G.: Limnology, third edition: Lake and River Ecosystems, Academic Press, 2001.
5) 藤永太一郎 監修:海と湖の化学 微量元素で探る,京都大学学術出版会,2005.
6) 河野健:新しい海水の状態方程式と新しい塩分(Reference Composition Salinity)の定義について,海の研究,Vol.19, No.2, pp.127-139, 2010.
7) Gill, A.E.: Atmosphere-ocean dynamics, International Geophysics Series, Academic Press, London, pp.599-600, 1982.

8) 柳哲雄：沿岸海洋学（第2版），恒星社厚生閣，2001．
9) 西條八束，奥田節夫 編：河川感潮域，名古屋大学出版会，1996．
10) 横山勝英，大村拓，鈴木伴征，高島創太郎：筑後川河口域における塩水遡上特性と汽水環境について，水工学論文集，Vol.55，pp.1453-1458，2011．
11) 藤原建紀：河口域および内湾域におけるエスチュアリー循環流，沿岸海洋研究，Vol.44，No.2，pp.95-106，2007．
12) 岩佐義朗 編著：湖沼工学，山海堂，1990．
13) 道奥康治：貯水池深層の酸化還元条件と水理学的・生物化学的熱塩諸現象，混相流，Vol.22，No.3，pp.249-256，2008．
14) 宇野木早苗：沿岸の海洋物理学，東海大学出版会，1993．
15) 新井正：地域分析のための熱・水収支水文学，古今書院，2004．
16) 浦野仁志，宮本仁志，前羽洋，戸田祐嗣：河川流域の流水水温形成における基底流出水温の影響について，土木学会論文集B1（水工学），Vol.69，No.4，pp.I_1681-I_1686，2013．
17) 山本荘毅：地下水水文学，共立出版，1992．
18) Xin, Z. and Kinouchi, T.：Analysis of stream temperature and heat budget in an urban river under strong anthropogenic influences, Journal of Hydrology, Vol.489, pp.16-25, 2013.
19) 湖沼技術研究会：小川原湖の水理・水質特性，http://www.mlit.go.jp/river/shishin_guideline/kankyo/kankyou/kosyo/tec/pdf/6.3.pdf（2014年12月現在）
20) 佐々木淳，磯部雅彦，渡辺晃，五明美智男：東京湾における青潮の発生規模に関する考察，海岸工学論文集，Vol.43，pp.1111-1115，1996．
21) 千葉県水産総合研究センター：東京湾海況情報，http://www.pref.chiba.lg.jp/lab-suisan/suisan/suisan/kaikyoujouhou/（2014年12月現在）
22) 日向博文，八木宏，吉岡健，灘岡和夫：黒潮系暖水波及時における冬季東京湾湾口部の流動構造と熱・物質フラックス，土木学会論文集，No.656／Ⅱ-52，pp.221-238，2000．
23) 二瓶泰雄，木水啓：H-ADCP観測と河川流計算を融合した新しい河川流量モニタリングシステムの構築，土木学会論文集B，Vol.63，No.4，pp.295-310，2007．

第4章
1) 吉川秀夫：流砂の水理学，丸善，1985．
2) 江頭進治：河川における流砂問題と流砂力学の課題，ながれ，Vol.24，pp.581-592，2005．
3) Suzuki, K.W., Kasai, A., Nakayama, K. and Tanaka, M.：Year-round accumulation of particulate organic matter in the estuarine turbidity maximum：comparative observations in three macrotidal estuaries (Chikugo, Midori, and Kuma Rivers), southwestern Japan, J. Oceanogr., Vol.68, pp.453-471, 2012.
4) 東三郎 監修，高谷精二 編著：砂防学概論，鹿島出版会，1991．
5) 国土技術総合研究所：阿蘇市周辺で発生した土砂災害調査報告，2012．
6) 砂防学会：深層崩壊に関する基本事項に係わる検討委員会報告・提言，JSECE Publication No.65, pp.1-27, 2012．
7) 土木学会：土木学会誌，表紙写真，Vol.82，1997．

8) 国土交通省四国地方整備局徳島河川国道事務所より提供.
9) 竹林洋史, 江頭進治：自己形成流路の形成過程と形成水理条件, 土木学会論文集, No.677／Ⅱ-55, pp.75-86, 2001.
10) 芦田和男, 道上正規：移動床流れの抵抗と掃流砂量に関する基礎的研究, 土木学会論文報告集, No.206, pp.59-69, 1972.
11) 岩垣雄一：限界掃流力の流体力学的研究, 土木学会論文集, No.41, pp.1-21, 1956.
12) Egiazaroff, I.V.：Calculation of nonuniform sediment concentrations, J. Hydraul. Div., ASCE, Vol. 91, No.4, pp.225-247, 1965.
13) Lane, E.W. and Kalinske, A.A.：Engineering calculation of suspended sediment, Trans. A.G.U., Vol.22, pp.603-607, 1941.
14) Rubey, W.W.：Settling velocities of gravel, sand and silt particles, American J. of Science, Vol.25, No.148, pp.325-338, 1933.
15) 二瓶泰雄, 植田雅康, 木水啓：江戸川における土砂濃度の横断・鉛直分布特性と土砂輸送量算定法の検討, 水工学論文集, Vol.50, pp.937-942, 2006.
16) Egashira, S.：Research related to prediction of sediment yield ad runoff, Symposium on Japan-Indonesia IDNDR Project, Bandung, Indonesia, pp.373-384, 1998.
17) 竹林洋史, 藤田正治：粘着性・非粘着性土混在場における一般断面による一次元河床変動解析, 砂防学会誌, Vol.64, No.2(通巻295号), pp.3-14, 2011.
18) 芦田和男, 江頭進治, 劉炳義：蛇行流路における流砂の分級および河床変動に関する数値解析, 水工学論文集, Vol.35, pp.383-390, 1991.
19) 関根正人, 西森研一郎, 藤原健太, 片桐康博：粘着性土の浸食進行過程と浸食速度式に関する考察, 水工学論文集, Vol.47, pp.541-546, 2003.
20) 永瀬恭一, 道上正規, 檜谷治：狭窄部を持つ山地河川の河床変動計算, 水工学論文集, Vol.40, pp.887-892, 1996.
21) 竹林洋史：河川中・下流域の河道地形, ながれ, Vol.24, pp.27-36, 2005.
22) 梅田信, 池上迅, 石川忠晴, 富岡誠司：ダム貯水池における洪水時濁水挙動に関する数値解析, 水工学論文集, Vol.48, pp.1363-1368, 2004.
23) 柴田光彦, 梅田信, 田中仁：ダム貯水池の洪水時放流操作による濁質挙動への影響, 水工学論文集, Vol.53, pp.1315-1320, 2009.
24) 横山勝英, 中村岳由, 五十嵐麻美：堆積学的手法による筑後川の土砂供給能に関する長期変遷解析, 水工学論文集, Vol.50, pp.1039-1044, 2006.
25) 横山勝英, 藤塚慎太郎, 中沢哲弘, 高島創太郎：多点濁度観測による筑後川水系のSS流出・輸送特性に関する研究, 水工学論文集, Vol.52, pp.553-558, 2008.
26) 横山勝英, 鈴木伴征, 味元伸親：筑後川の河床変動要因と土砂動態の変遷, 水工学論文集, Vol.51, pp.997-1002, 2007.
27) 入江靖, 石川博基, 前田昭浩, 山口広喜, 坂本哲治, 福岡捷二, 渡邊明英：筑後川感潮域における洪水流と土砂移動, 河川技術論文集, Vol.15, pp.297-302, 2009.
28) 鈴木健太, 松尾和巳, 島元尚徳, 福岡捷二：河床が互層構造をなす筑後川感潮域における洪水流による河床変動と砂移動機構に関する研究, 河川技術論文集, Vol.16, pp.131-136, 2010.
29) 横山勝英, 宮崎晃一, 河野史郎：筑後川感潮河道と有明海奥部における高濁度水塊の広域移動に関する現地観測, 水工学論文集, Vol.52, pp.1339-1344, 2008.

第5章

1) IPCC (Intergovernmental Panel on Climate Change)：Carbon and other biogeochemical cycles-Final Draft Underlying Scientific-Technical Assessment, Climate Change 2013, The Physical Science Basis-Chapter 6, Working Group I Contribution to the Fifth Assessment Report, 120p., 2013.
2) 楠田哲也　編著：自然の浄化機構の強化と制御，技報堂出版，1994.
3) Richey, J.E.：The phosphorus cycle. In Bolin, B., and Cook, R.B., eds., The Major Biogeochemical Cycles and their Interactions. New York：John Wiley & Sons, pp.51-56, 1983.
4) Smil, V.：Phosphorus in the environment：Natural flows and human interferences, Annu. Rev. Energy Environ., Vol.25, pp.53-88, 2000.
5) 合田健：水質工学　基礎編，丸善，1975.
6) 池田駿介，戸田祐嗣，赤松良久：瀬と淵の水質及び生物一次生産に関する現地観測，水工学論文集，Vol.43, pp.1037-1042, 1999.
7) 日本化学会　編：改訂5版 化学便覧 基礎編，丸善，2004.
8) 国交省関東地方整備局品木ダム管理所：http://www.ktr.mlit.go.jp/sinaki/ (2014年12月現在)
9) 国交省東北地方整備局玉川ダム管理所：http://www.thr.mlit.go.jp/tamagawa/ (2014年12月現在)
10) 日本工業標準調査会：JISK0102　工場排水試験方法，2013.
11) 日本海洋学会：海洋観測調査法，1979.
12) 日本下水道協会：下水試験方法　上巻，2012.
13) 日本水道協会：上水試験方法(2011年版)，2011.
14) 今井章雄：水環境における腐植物質の役割と分析方法の進捗，水環境学会誌，Vol.27, No2, pp.2-7, 2004.
15) 山田悦，布施泰朗：湖沼など閉鎖性水域における難分解性有機物増加の原因解明に関する研究IV 琵琶湖水におけるトリハロメタン前駆物質としてのフミン物質と藻類由来有機物の動態解析，京都工芸繊維大学環境科学センター報「環境」，No.24, pp.39-48, 2012.
16) Wada, E., Lee, J.A., Kimura, M., Koike, I., Reeburgh, W.S., Tundisi, J.G., Yoshinari, T., Yoshioka, T., and Vuuren, M.M.I.：Gas exchange in ecosystems：Framework and case studies, Japanese Journal of Limnology, Vol.52, No.4, pp.263-285, 1991.
17) 高村紀彰，赤松良久：河床堆積物を用いた中国地方一級河川の環境評価，土木学会論文集B1(水工学)，Vol.57, No.4, pp.I_1273-I_1278, 2013.
18) Vannote, R.L., Minshall, G.W., Cummins, K.W., Sedell, J.R. and Cushing, C.E.：The river continuum concept, Can. J. Fish. Aquat. Sci., Vol.37, No.1, pp.131-137, 1980.
19) 伯耆晶子，渡辺仁治：川床の付着藻類群集組成および構造に基づく群集形成過程への考察，日本水処理生物学会誌，Vol.18, No.2, pp.16-23, 1982.
20) 田中志穂子，渡辺仁治：日本の清浄河川における代表的付着藻類群集 Homoeothrix janthina-Achnanthes japanica 群集の形成過程，藻類，Vol.38, No.2, pp.167-177, 1990.
21) Cummins, K.W.：Trophic relation of aquatic insects, Annu. Rev. Entomol., Vol.18, No.1, pp.183-206, 1973.

22) 竹門康弘：底生動物の生活型と摂食機能群による河川生態系評価，日本生態学会誌，Vol.55, pp.189-197, 2005.
23) 水野信彦，御勢久右衛門：河川の生態学，築地書館，1995.
24) 望月貴文，天野邦彦：河川水辺の国勢調査結果を利用した魚類出現特性による全国一級水系の類型化及び分析，河川技術論文集，Vol.18, pp.107-112, 2012.
25) 谷口旭　監修：海洋プランクトン生態学，丸善，2008.
26) 大森浩二，一柳英隆　編著：ダムと環境の科学Ⅱ　ダム湖生態系と流域環境保全，京都大学学術出版会，2011.
27) 農林水産省大臣官房統計部：http://www.maff.go.jp/j/tokei/kouhyou/sakumotu/menseki/index.html#r（2014年12月現在）
28) 武田育郎：水と水質環境の基礎知識，オーム社，2001.
29) 土木学会環境工学委員会，環境工学に関わる出版準備小委員会　編：環境工学公式・モデル・数値集，338p., 2004.
30) 田淵俊雄，高村義親：集水域からの窒素・リンの流出，東京大学出版会，pp.59-60, 1985.
31) 国松孝男，村岡浩爾：河川汚濁のモデル解析，技報堂出版，1989.
32) 吉田拓司，二瓶泰雄：屋根面堆積負荷に関する非定常原単位モデルの提案，水工学論文集，Vol.52, pp.271-276, 2008.
33) 堀田清美：合流式下水道の雨天時越流対策―年間放流負荷量を分流式程度まで削減―，下水道，Vol.20, No.9, pp.53-64, 1997.
34) 日本下水道協会：流域別下水道整備総合計画調査_指針と解説　～流域別下水道整備総合計画制度設計会議編～，2008.
35) 若松孝志，木平英一，新藤純子，吉岡崇仁，岡本勝男，板谷明美，Min-Sik KIM：わが国における渓流水のリン酸態リン濃度とその規定要因，水環境学会誌，Vol.29, No.11, pp.679-686, 2006.
36) 山本晃一：沖積河川学，山海堂，1994.
37) 柴田英昭：大気―森林―河川系の窒素移動と循環，地球環境，Vol.9, No.1, pp.77-82, 2004.
38) Shibata, H., Sugawara, O., Toyoshima, H., Wondzell, S.M., Nakamura, F., Kasahara, T., Swanson, F.J. and Sasa, K.：Nitrogen dynamics in the hyporheic zone of a forested stream during a small storm, Hokkaido, Japan, Biogeochemistry, Vol.69, No.1, pp.83-104, 2004.
39) 浅枝隆，中村祐太，坂本健太郎，関根秀明，平生昭二：礫床河川の砂州や氾濫原の樹林化が栄養塩循環に与える影響と樹林化促進機構の可能性について，水工学論文集，Vol.55, pp.1369-1374, 2011.
40) 傳甫潤也，岡村俊邦，堀岡和晃，田代隆志：北海道自然堤防帯における河畔林の現状と管理方針の提案，応用生態工学，Vol.14, No.1, pp.45-62, 2011.
41) Force, E.G.：Re-aeration and velocity prediction for small streams, Journal of the Environmental Engineering Division, Vol.102, No.5, pp.937-952, 1976.
42) Froelich, P.N.：Kinetic control of dissolved phosphate in natural rivers and estuaries, A primer on the phosphate buffer mechanism, Limnol. Oceanogr., Vol.33, pp.649-668, 1988.

43) 城戸由能, 井口貴正, 深尾大介：河床底泥が河川水質に及ぼす影響—賀茂川における河川水質と河床底質の観測—, 京都大学防災研究所年報, Vol.47B, pp.809-818, 2004.
44) 和田光史：土壌粘土によるイオンの交換吸着反応, 土壌吸着現象（日本土壌肥料学会編）, 博友社, pp.5-57, 1981.
45) Sheidegger, A.E.: General theory of dispersion in porous media, Journal of Geophysical Research, Vol.66, No.10, pp.3273-3278, 1961.
46) 中野政誌：土の物質移動学, 東京大学出版会, 1991.
47) 石黒宗秀, 岩田進午：土中におけるイオンの交換吸着現象, 農業土木学会誌, Vol.56, No.10, pp.1017-1024, 1988.
48) 二瓶泰雄, 真茅良平, 堀田和弘, 湯浅岳史：印旛沼流域における湧水の栄養塩・COD 環境の把握, 水工学論文集, Vol.54, pp.1351-1356, 2010.
49) 赤松良久, 二瓶泰雄, 長谷川定, 林薫, 湯浅岳史, 上原浩, 小倉久子：印旛沼流入河川における窒素汚染の実態とその要因, 河川技術論文集, Vol.16, pp.311-316, 2010.
50) 松村剛, 石丸隆, 柳哲雄：東京湾における窒素とリンの収支, 海の研究, Vol.11, No.6, pp.613-630, 2002.
51) Hupfer, M. and Lewandowski, J.: Oxygen controls the phosphorus release from lake sediments-A long-lasting paradigm in limnology., International Review of Hydrobiology Vol.93, No.4-5, pp.415-432, 2008.
52) 河川環境管理財団：大気由来の窒素に着目した流域窒素収支に関する研究, 2009.
53) 佐藤祐一, 小松英司, 永禮英明, 上原浩, 湯浅岳史, 大久保卓也, 岡本高弘, 金再奎：陸域—湖内流動—湖内生態系を結合した琵琶湖流域水物質循環モデルの構築とその検証, 水環境学会誌, Vol.34, No.9, pp.125-141, 2011.
54) 京都大学, 広島大学, 東京大学, 法政大学, 東洋大学, 滋賀大学, 滋賀県琵琶湖環境科学研究センター：平成23年度環境経済の政策研究水分野における経済的手法を含めたポリシーミックスの効果と社会影響に関する研究 最終研究報告書, 2012.

第6章
1) 西條八束：内湾の環境科学（上巻）, 培風館, 1984.
2) 有田正光 編著：水圏の環境, 東京電機大学出版局, 1998.
3) 環境省：http://www.env.go.jp/doc/toukei/contents/index.html#shuishitu（2014年12月現在）
4) 高志利宜, 藤原建紀, 住友寿明, 竹内淳一：外洋から紀伊水道への窒素・リンの輸送, 海岸工学論文集, Vol.49, pp.1076-1080, 2002.
5) 国松孝男, 村岡浩爾：河川汚濁のモデル解析, 技報堂出版, 1989.
6) 千葉県：印旛沼流域水循環健全化計画会議 第17回委員会資料, 2010.
7) 安岡拓也, 二瓶泰雄, 川端佳憲, 吉田満, 東海林太郎, 上原浩, 湯浅岳史, 小倉久子：都市小流域の水循環健全化のための雨水浸透マス設置効果, 土木学会論文集B1（水工学）, Vol.68, No.4, pp.I_589-I_594, 2012.
8) 佐藤和博, 二瓶泰雄, 坂井純, 重松真奈美, 大野二三男, 湯浅岳史, 上原浩, 東海林太郎, 小倉久子：雨水調整池における市街地面源負荷削減効果向上策の提案, 水工学論文集, Vol.55, pp.S_1291-S_1296, 2011.
9) 反田寶, 原田和弘：瀬戸内海東部海域の栄養塩環境の現状および改善に向けた取り組み

と課題，海洋と生物，Vol.35, No.2, pp.116-124, 2013.
10) 池淵周一　編著：ダムと環境の科学Ⅰ―ダム下流生態系―，京都大学学術出版会，pp.209-224, 2009.
11) 岩佐義朗　編著：湖沼工学，山海堂，1990.
12) 湖沼技術研究会：湖沼における水理・水質管理の技術，2007.
13) 柏井条介，櫻井寿之：貯水池機能の保全設備―濁水長期化対策―，ダム技術，No.214, pp.12-26, 2004.
14) 天野邦彦：貯水池機能の保全施設　水質保全（富栄養化対策等），ダム技術，No.212, pp.12-20, 2004.
15) 国土交通省河川局河川環境課：曝気循環施設及び選択取水設備の運用マニュアル（案），2005.
16) ダム・堰施設技術協会：ダム・堰施設技術基準（案）（基準解説編・マニュアル編），2011.
17) 大矢通弘，角哲也，嘉門雅史：ダム堆砂の性状把握とその利用法，ダム工学，Vol.12, No.3, pp.174-187, 2002.
18) 角哲也，藤田正治：下流河川への土砂還元の現状と課題，河川技術論文集，Vol.15, pp.459-464, 2009.
19) 角哲也，高田康史，岡野眞久：バイパス設置による貯水池土砂管理効果の定量的把握，河川技術論文集，Vol.10, pp.197-202, 2004.
20) 角哲也：土砂を貯めないダムの実現―流砂系土砂管理に向けた黒部川の挑戦―，土木学会誌，Vol.88, No.3, pp.41-44, 2003.
21) 宮本仁志，赤松良久，戸田祐嗣：河川の樹林化課題に対する研究の現状と将来展望，河川技術論文集，Vol.19, pp.441-446, 2013.
22) 大石哲也，天野邦彦：人的利用が河川高水敷の地被状態変化に及ぼす影響の定量的把握方法とその考察，水工学論文集，Vol.52, pp.685-690, 2008.
23) 楯慎一郎，小林稔：物理環境からみた全国河川の状況，リバーフロント研究所報告，Vol.19, pp.87-95, 2008.
24) 佐貫方城，大石哲也，三輪準二：全国一級河川における河道内樹林化と樹木管理の現状に関する考察，河川技術論文集，Vol.16, pp.241-246, 2010.
25) 田中規夫，八木澤順治，福岡捷二：樹木の洪水破壊指標と流失指標を考慮した砂礫州上樹林地の動態評価手法の提案，土木学会論文集B，Vol.66, No.4, pp.359-370, 2010.
26) Oishi, T., Sumi, T., Fujiwara, M. and Amano, K.: Relationship between the soil seed bank and standing vegetation in the bar of a gravel-bed river, Journal of Hydroscience and Hydraulic Engineering, Vol.28, No.1, pp.103-116, 2010.
27) Tansley, A.G.: The use and abuse of vegetational concepts and terms, Ecology, Vol.16, No.3, pp.284-307, 1935.
28) Odum, E.P.著，三島次郎訳：基礎生態学，培風館，pp.10-11, 1991.
29) Hutchinson, G.E.: Circular causal systems in ecology, Ann. New York Acad. Sci., Vol.50, No.4, pp.221-246, 1948.
30) Odum, H.T.: Environment, power, and society, New York: Wiley-Interscience, 1971.
31) 三島次郎：トマトはなぜ赤い―生態学入門―，東洋館出版社，pp.14-18, 1992.
32) 沖野外輝夫：河川の生態学，共立出版，13p., 2002.
33) Vannote, R.L., Minshall, G.W., Cummings, K.W., Sedell, J.R. and Cushing, C.E.: The river

continuum concept, Can. J. Fish. Aquat. Sci., Vol.37, No.1, pp.131-137, 1980.
34) 土屋十圀：河川改修技術と生態変動の評価 —水域環境のためのエコテクノロジーの評価と研究の視点—，平成9年度土木学会全国大会研究討論会17資料，11p.，1997.
35) 波多野圭亮，竹門康弘，池淵周一：貯水ダム下流の環境変化と底生動物群集の様式，京都大学防災研究所年報，Vol.48B，pp.915-934，2005.
36) Lake, P.S.：Disturbance, patchiness, and diversity in streams, Journal of the North American Benthological Society, Vol.19, pp.573-592, 2000.
37) 小倉紀雄，山本晃一　編著：自然的撹乱・人為的インパクトと河川生態系，技報堂出版，263p.，2005.
38) 御勢久右衛門：大和吉野川における瀬の底生動物群集の遷移，日本生態学会誌，Vol.18, No.4，pp.147-157，1968.
39) 渡辺幸三，吉村千洋，小川原亨司，大村達夫：Pulse型の人為的インパクトを受けた河川底生動物の回復予測モデル，土木学会論文集，No748／Ⅶ-29，pp.67-79，2003.
40) 宮下直，野田隆史：群集生態学，東京大学出版会，pp.59-61，2003.
41) 土屋十圀，諸田恵士：底生動物群集の多様性に及ぼす流況の確率論的特性，水文・水資源学会誌，Vol.18，No.5，pp.521-530，2005.
42) 江村歓，玉井信行，松崎浩憲：生態的なフラッシュ流量に関する考察と貯水池の連結操作による流況の改善について，環境システム研究，Vol.25，pp.415-420，1997.
43) Connell, J.H.：Diversity in tropical rain forests and coral reefs, Science, Vol.199, No.4335, pp.1302-1310, 1978.
44) Conner, W.H. and Day, J.W., Jr.：Productivity and composition of a baldcypress-water tupelo site and a bottomland hardwood site in a Louisiana swamp, Am. J. Botany, Vol.63, pp.1354-1364, 1976.

索 引

あ

アオコ　algal bloom
　　　　　　　　55, 172, 194, 195, 205, 217
青潮　blue tide　　　　　　　34, 94, 197, **206**
赤潮　red tide　　　　　　　　　　　　**205**
上げ潮　flood tide　　　　　　　29, 36, 116
圧力　pressure　　　　**10**, 25, 46, 55, 66, 68, 83
アルベド（アルベード）　albedo　　　　**60**
安息角　angle of repose　　　　　　　　**112**

い

一次元河床変動解析
　one dimensional bed deformation analysis
　　　　　　　　　　　　　　　　129, 146
一次消費者　primary consumer　　　 175, **233**
一様砂　uniform sediment　　　　　　　**117**
一季成層型　monomictic　　　　　　**89**, 215
移流　advection
　　　　　　　13, 42, 63, 82, 123, 148, 175, 189

う

ウォッシュロード　wash load
　　　　　　　100, 117, 123, 128, 139, 220
雨水貯留・浸透対策
　rainwater storage and infiltration measures
　　　　　　　　　　　　　　　　　　203
運動方程式　equation of motion
　　　　　　　　4, **10**, 38, 40, 43, 44, 126, 134
雲量　cloud cover　　　　　　　　　　　**60**

え

エアロゾル（エーロゾル）　aerosol　　　 58, 178
栄養カスケード効果　trophic cascade effect
　　　　　　　　　　　　　　　　　　172
エコトーン（移行帯）　ecotone　　 170, 209, 210
エスチュアリー循環　estuary circulation
　　　　　　　　　　　　　　8, **70**, 197
塩害　salt damage　　　　　　　　 57, 140

沿岸帯　littoral zone　　　　　　　**170**, 173
塩水遡上　saline intrusion　**69**, 94, 105, 136, 143
鉛直分布　vertical profile
　　　　　　　11, 21, 33, 56, 94, 122, 143, 217
塩分躍層　halocline　　　　　　　**65**, 93, 94

お

横断分布　transverse profile　　　 8, **11**, 21, 98
応答　response　　　　75, 90, 157, 232, **233**
大潮　spring tide　　　　　　　　**28**, 31, 70
沖帯　limnetic zone　　　　　　　　　 **170**
温水放流　warm water discharge　　　　 **56**

か

海水　seawater
　　　　　　10, 27, 30, **55**, 64, 67, 68, 91, 102, 159
海水交換　seawater exchange　　　　　　 **36**
外部生産（外部負荷）　external load　　 **209**, 210
外来植物　exotic plant　　　　　　　 **225**, 227
化学的酸素要求量COD
　Chemical Oxygen Demand
　　　　　　　　　　　151, 163, 182, 207, 210
化学肥料　chemical fertilizer　　　　　 190, **198**
拡散　diffusion　　　　　　　 **13**, 74, 82, 100, 148
拡散係数　diffusion coefficient　　 **14**, 42, 74, 122
撹乱　disturbance　　　　　　 108, **223**, 225, 230
河口域（感潮河道）　river estuary
　　　　27, 65, 69, 102, **104**, 114, 124, 134, 143, 161
河床形態　bed configuration　　　　　 **109**, 146
河床材料　bed material
　　　　23, **100**, 117, 139, 146, 165, 169, 184, 214
化石燃料　fossil fuel　　　　　　　　 **153**, 178
河川連続体仮説（概念）
　the river continuum concept
　　　　　　　　　　　　　　165, 186, 231
家畜排泄物　domestic animal wastes　　　 **198**
滑動　sliding　　　　　　　　　　　　 **100**
川幅・水深比　aspect ratio　　　　　　 **110**
環境影響評価
　environmental impact assessment　　　 **217**

255

索 引

環境指標　environment indicator ············· **233**
環境水理学　environmental hydraulics
　　　　　　　　　　　　　2, 6, 55, 144, 148
環境保全型農業　eco-oriented agriculture ··· **202**
慣性振動　inertial oscillation ···················· **30**
乾性沈着　dry calm ································ **177**
観測基準面　datum line ···························· **11**

き

基準点高さ　reference level ···················· **121**
基底流　base flow ·························· **17**, 19, 82
キネマティックウェーブ　kinematic wave ··· **201**
キャベリング現象　cabbeling ············· **73**, 96
境界条件　boundary condition
　　　　　　　　　　　9, **10**, 38, 47, 77, 78
局所洗掘　local scouring ························ **113**
局所リチャードソン数
　　local Richardson number
　　　　　　　　　　　　　　　　　　　32
極相　climax ······································· **239**

く

空隙率　porosity ·················· 26, **127**, 131, 137
黒潮　Kuroshio ························· 12, **36**, 96

け

ケルビン波　Kelvin wave ························ **30**
限界摩擦速度　critical friction velocity
　　　　　　　　　　　　　　　117, 120
嫌気性　anaerobic ································ **215**
現存量　standing crop ················ 6, 166, **233**
懸濁物質　suspended particulate matter
　　　　 2, **102**, 114, 134, 144, 145, 165, 215
懸濁物食者　suspension feeder ················ **175**
原単位　unit load ············· **182**, 198, 200, 210
顕熱輸送量　sensible heat flux ··· **61**, 83, 89, 98

こ

交換層　exchange layer ············ **120**, 130, 133
光合成有効放射
　　photosynthetically active radiation (PAR)
　　　　　　　　　　　　　　　　　　　59

交互砂州　alternate bar ················ **110**, 223
降水　precipitation
　　　　　　　　 7, **16**, 20, 49, 63, 93, 155, 177, 184
高濁度水塊　turbidity maximum ······ **104**, 115, 143
高濃度酸素水　high oxygen concentration water
　　　　　　　　　　　　　　　　　　　219
小潮　neap tide ······················ **28**, 31, 70
コリオリ力　Coriolis force
　　　　　　　　　　29, 33, 44, 46, 70, 75
混合型　holomictic ······················ **88**, 215
混合砂　non-uniform sediment ······ **119**, 127, 131

さ

サーマルサイフォン　thermal syphon ············· **70**
サーマルバー　thermal bar ························ **72**
再曝気　reaeration ·································· **157**
細粒状有機物
　　fine particulate organic matter (FPOM)
　　　　　　　　　　　　　　　　 168, 186
細粒土　fine material ······························ **132**
下げ潮　ebb tide ························ **29**, 36, 116
砂州　bar ······· 23, 82, **104**, 110, 130, 186, 214, 223
砂堆　dune ································ **112**, 118
砂漣　ripple ······································· **112**
サン・ヴナン方程式　Saint-Venant equation
　　　　　　　　　　　　　　　　　　　42
残差流　residual current ·························· **29**

し

地すべり　landslide ···················· **106**, 108, 124
自然対流　natural convection ······ 68, **72**, 96
湿性沈着　humid calm ·························· **177**
湿地　wetland ··················· 13, **109**, 152, 239
実用塩分　Practical Salinity Scale ······ **65**, 67, 68
遮断　interception ···················· **16**, 178, 218
斜面安定解析　slope stability analysis ·········· **124**
斜面崩壊　slope failure ············· 104, **106**, 124, 129
砂利採取　sand mining ······ 104, **113**, 140, 145, 221
重力不安定　gravity instability ············ **69**, 72
樹幹流　stem flow ···························· **16**, 178
樹林化　expansion of tree cover ············ 5, **223**
硝化　nitrification ··········· 155, 160, 188, 193
小規模河床形態　small-scale bed configuration
　　　　　　　　　　　　　　　　　　　112

256

蒸散　transpiration ……………… 16, **17**
消散係数　extinction coefficient ………… **61**, 94
状態方程式　equation of state ……………… **10**, 68
小跳躍　saltation ………………………… **100**
蒸発　evaporation ……… 16, **17**, 49, 62, 90, 178
蒸発散　evapotranspiration ……… **17**, 19, 49, 200
消費者　consumer ……………… **150**, 171, 193, 231
初期条件　initial condition ……………… **10**, 38, 47
シルト　silt ……………… **100**, 102, 115, 136, 220
浸食　erosion ……… **104**, 124, 127, 138, 152, 178
深水層　hypolimnion ……………… **63**, 89, 215
深層水　deep water ……………………… **153**, 172
深層崩壊　deep seated landslide ……………… **106**
浸透　infiltration ……… **16**, 18, 25, 179, 184, 188, 212
浸透流解析　groundwater analysis ………… 26, **201**

す

水位　water level
　……………… **11**, 43, 75, 115, 173, 221, 229, 239
水位-流量曲線（H-Q曲線）
　stage-discharge curve ……………… **49**, 97
水温　water temperature
　……………… 10, **55**, 61, 66, 77, 78, 115, 157, 214
水温躍層　thermocline ……………… **64**, 93, 157, 215
水質　water quality ……… 2, 6, 55, **148**, 151, 207, 214
水深　water depth
　……………… **11**, 41, 70, 81, 88, 126, 160, 170, 185, 206
水深平均流速（鉛直平均流速）
　depth-averaged velocity ……………… **43**, 118
水制　groin ………………………………… **113**
吹送流　drift current, wind-driven current
　……………………………… **29**, 33, 92, 194
水田　paddy field ……………… 50, **179**, 209
水理学　hydraulics ……………………… **1**, 12
砂　sand ………………………………… **100**
スマゴリンスキーモデル　Smagorinsky model
　…………………………………………… **39**
スルーシング（通砂）　sluicing ……………… **223**

せ

生産者　producer ……………… **150**, 172, 193, 231
生産層　production layer ……………… **171**, 193
セイシュ（静振）　seiche ……………………… **75**
生食連鎖　grazing food chain ……………… **197**

静水圧近似　hydrostatic approximation ……… **46**
生態系　ecosystem
　……………… 55, 144, 149, 152, 165, 170, 174, 214, **230**
生態系サービス　ecosystem service
　……………………………… **150**, 152, 240
生物化学的酸素要求量BOD
　Biochemical Oxygen Demand ……… **150**, 163
生物多様性　biodiversity ……… 1, 152, 170, **224**, 234
赤外放射　infrared radiation ………………… **59**
潟湖　lagoon ……………………………… **89**, 92
絶対塩分　absolute salinity ……………… **64**, 68
セットアップ　setup ……………………… **75**
遷移　succession ………………………… 172, **224**
遷移層　transition layer ……………………… **130**
全季成層型　meromictic ………………… **89**, 215
全球気候モデル　Global Climate Model (GCM)
　…………………………………………… **98**
扇状地　alluvial fan ……………………… **113**, 184
浅水流方程式　shallow water flow equations
　…………………………………………… **43**
選択取水　selective intake ……………… **56**, 218
全天日射　solar radiation ……………………… **58**
穿入蛇行　incised meander ………………… **109**
潜熱輸送量　latent heat flux ……… **61**, 83, 90, 98

そ

増殖制限栄養塩　growth-limiting nutrient
　…………………………………………… **192**
総貯水容量　gross storage capacity ……… 215, **221**
相当粗度　equivalent roughness ……………… **13**
掃流砂　bed load ……… **100**, 103, 117, 130, 142, 166
掃流砂層（交換層）　bed load layer
　……………………………… 128, **130**, 133
粗粒状有機物
　coarse particulate organic matter (CPOM)
　………………………………………… **168**, 186
ソルトフィンガー　salt finger ………………… **74**

た

大気降下物　atmospheric fallout …… 181, 192, **198**
堆積　deposition ……… 2, 41, **104**, 127, 162, 216, 220
堆積層　deposition layer ……………… **130**, 142, 220
堆積物食者　deposit feeder ………………… **175**
堆肥　compost …………………………… **198**

257

索 引

太陽定数　solar constant ……………………… **58**
太陽放射　solar radiation ……………………… **58**
濁度　turbidity ………………………… 136, **162**, 217
蛇行　meander ………………… 21, 36, **104**, 109, 224
蛇行流路　meandering channel ……………… **109**
単位河道　unit channel ………………………… **126**
単位斜面　unit slope …………………………… **126**
淡水　freshwater ………… 6, 51, **55**, 66, 88, 116, 169
淡水赤潮　fresh water red tide …………… 194, **217**
炭素循環　carbon cycle ………………………… **153**
短波放射　shortwave radiation
　　　　　………………… **58**, 59, 62, 77, 81, 90
断面平均流速　cross-sectional averaged velocity
　　　　　…………………………… **12**, 41, 47

ち

地下水　groundwater ……… 6, **23**, 49, 81, 180, 188
地下水涵養　groundwater recharge …… **179**, 212
地下水流　ground water flow …… **16**, 19, 25, 51, 81
地球放射　terrestrial radiation ……………… **59**
地衡流　geostrophic flow ……………………… **30**
治水　flood control ……………… **1**, 109, 213, 221, 224
窒素固定　nitrogen fixation ………… **155**, 179, 193
地表流　overland flow ………………………… **16**, 19
中間流　inter flow ………………… **16**, 19, 125, 184
中規模攪乱曲線　intermediate disturbance curve
　　　　　……………………………… **237**, 240
中規模攪乱説
　　intermediate disturbance hypothesis ……… **235**
中規模河床形態　meso-scale bed configuration
　　　　　……………………………………… **112**
潮差　tidal range …………………………… 11, **28**
潮汐　tide ………………… **27**, 69, 104, 115, 175, 197
潮汐残差流　tidal residual current …………… **29**
潮汐蛇行　tidal meandering …………………… **109**
長波放射　longwave radiation …… **59**, 60, 81, 90
潮流　tidal current ……………………… **27**, 36, 75
潮流楕円　tidal ellipse ………………………… **29**
調和定数　harmonic constant ………………… **28**
調和分解　harmonic analysis ………………… **28**, 29
直接流出　direct runoff ……………………… **16**, 19
直線流路　straight channel …………………… **109**
貯砂ダム　sediment trap dam ………………… **221**
貯水池　reservoir
　　　　　………… 56, 79, **102**, 115, 134, 194, 214, 240

沈降速度　settling velocity
　　　　　………… 102, 115, **122**, 128, 134, 171

て

底生生態系　benthic ecosystem …………… **174**, 197
底層（深層）曝気　deep aeration …………… **219**
泥炭地　peat …………………………………… **109**
泥流　mud flow ………………………… 103, **106**
デトリタス　detritus ………… **154**, 174, 176, 196
デルタ　delta …………………… 104, 113, 115, **220**
電気伝導率EC　electric conductivity ……… **161**
点源負荷　point source …………… **176**, 198, 210
転動　rolling …………………………… **100**, 220

と

東京湾平均海面　Tokyo Peil …………………… **11**
透水係数　hydraulic conductivity ………… **26**, 27
透明度　transparency ………………… **61**, 94, 162
土砂還元　sediment augmentation …………… **221**
土砂吸引排除システム
　　Hydro-suction Sediment Removal System
　　(HSRS) ……………………………… **223**
土石流　debris flow ………… **101**, 104, 129, 234

な

内部重力波　internal gravity wave …… **64**, 75, 94
内部セイシュ　internal seiche ……… **75**, 76, 94
内部潮汐　internal tide ……………………… **75**
内部負荷（内部生産）　internal load … **196**, 209
内部ロスビー変形半径
　　internal Rossby radius of deformation …… **30**
流れ　flow ……………………………………… **10**
波　wave ……………………………………… **10**
難分解性有機物
　　refractory organic substances ……………… **164**

に

二季成層型　dimictic ………………… **89**, 215
二次元河床変動解析
　　two dimensional bed deformation analysis
　　　　　……………………………………… **131**
二次生産　secondary production …………… **175**

258

二重拡散対流　double-diffusive convection
　　　　　　　　　　　　　　　　　　　73
日成層　diurnal stratification ･･････････**90**, 195
日射　solar radiation ･･････**58**, 70, 82, 94, 165, 215
日照時間　actual sunshine duration ･･････････**60**
日潮不等　diurnal inequality ･･････････････**28**

ね

熱塩フロント　thermohaline front ･･････････**73**
粘着性土　cohesive material ･･････**103**, 132, 141
粘土　clay ････････**100**, 102, 115, 136, 178, 220
年平均回転率　mean annual turnover ratio ･･**215**
年齢　age ･････････････････････････････**35**

の

農業用水　agricultural water ･･･････50, **179**, 200

は

バイオマニピュレーション　biomanipulation
　　　　　　　　　　　　　　　　　　　172
背砂　back sand ･････････････････････**221**
排砂ゲート　scouring gate ･･････････222, **223**
排砂バイパス　sediment bypass ･･････････**222**
バイパス　bypass ･･････････････････**219**, 222
剥離渦　separation eddy ････････････････**112**
畑地　upland field ･･･････177, **179**, 180, 202, 209
曝気循環　aerating circulation ･････････････**218**
発電　electric power generation ･･････**1**, 221, 233
ハビタット　habitat ･･････････**149**, 172, 173
反砂堆　anti-dune ････････････････････**112**
氾濫原　flood plain ･･････････････**109**, 186

ひ

非圧縮性流体　incompressible fluid ･････････**10**
被圧地下帯水層　confined groundwater ･･････**25**
光　light ･････････････2, **59**, 61, 94, 171, 218
微生息場　micro habitat ･････････････････**233**
非粘着性土　non-cohesive material
　　　　　　　　　　　　　103, 131, 133
比表面積　specific surface area ･･････**102**, 115
非平衡性　non-equilibrium characteristics
　　　　　　　　　　　　　　　　119, **123**

表水層　epilimnion ･･････････**63**, 89, 215
表層水　surface water ･･････････75, 93, **153**
表層崩壊　surface failure ･･････････････**106**
貧栄養化　oligotrophy ･･････････････**214**
貧酸素水塊　anoxic water ･･････6, 34, 72, 105, **158**

ふ

不圧地下帯水層　unconfined groundwater ･････**25**
フィックの法則　Fick's law ･･････････････**14**
風化　weathering ･･････････････**106**, 157
富栄養化　eutrophication
　　　　　･･････5, 56, 105, 148, 156, 172, **205**, 217
伏流水交換　hyporheic exchange flow ･･･････**82**
ブシネスク近似　Boussinesq approximation
　　　　　　　　　　　　　　　　　　　46
腐食連鎖　detritus food chain ･････････････**196**
不飽和状態　unsaturated condition ･････････**26**
浮遊砂　suspended load
　　　　　　　　　　100, 103, 121, 127, 220
浮遊砂濃度　suspended sediment concentration
　　　　　　　　　　121, 122, 123, 128, 131
浮遊砂量　suspended sediment discharge
　　　　　　　　　　　　　　121, 123, 129
浮遊生態系　pelagic ecosystem ･･･････**174**, 196
浮遊物質量SS　suspended solid ･････････**162**
フラックス　flux ･･････････**14**, 36, 42, 47, 123
フラックス・リチャードソン数
　　flux Richardson number ･･･････････**32**
フラッシュ放流　flushing flow ･･････**221**, 240
フラッシング　flushing ･････････････**223**
フロック　floc ･･････････････**102**, 105, 115
分解層　decomposition layer ･････････････**171**
分級　sorting ･･････････････････**216**, 220
分散　longitudinal dispersion ･･････**14**, 42, 82, 189
分子拡散　molecular diffusion ･･････････**14**, 189
分潮　constituent tide ･･･････････11, **28**, 29
分布型水物質循環モデル
　　distributed model for water and material cycle
　　　　　　　　　　　　　　　　　　　198

へ

平均滞留時間　average residence time
　　　　　　　　　　　　　　34, 35, 49

259

索引

平均的内部フルード数
　　mean internal Froude number ············ **215**
平均粒径　mean diameter ············ **117**, 120, 132
平衡水温　equilibrium water temperature
　　·· **82**, 83
平衡流砂量　equilibrium bed load
　　································· **117**, 123, 146
閉鎖性内湾　enclosed bay ······················ **36**
平坦　flat ·· 110
壁面せん断応力　wall shear stress ············ 12
ベッドマテリアルロード　bed material load
　　·· **100**, 103
変水層　metalimnion ···························· **63**, 76

ほ

飽和状態　saturated condition ·············· **26**
飽和側方流　saturated throughflow ···· **16**

ま

マイクロバブル　micro bubble ············ **219**
摩擦速度　friction velocity ·········· **13**, 117, 120
マスムーブメント　mass movement ············ **106**

み

水含有率　water content rate ············ **132**
水の華　algal bloom ···························· **205**
密度　density
　··············· 2, **10**, 11, 30, 46, 66, 68, 115, 194, 215
密度流　density current
　································· 8, **10**, 31, 68, 115, 195, 216
密度流排出　density current venting ············ **222**

む

無機態　inorganic
　································· **148**, 154, 156, 174, 186, 193, 196, 214
無次元限界掃流力
　　non-dimensional critical shear stress
　　································· **117**, 118, 120
無次元掃流力　non-dimensional shear stress
　　································· **117**, 118, 120

無次元有効掃流力
　　non-dimensional effective shear stress
　　································· **117**, 118, 120

め

面源負荷　non-point source
　································· 5, **176**, 182, 200, 210, 213

も

網状流路　braided channel ············ **109**
潜り込み点　plunge point ············ **195**

ゆ

有機汚濁　organic pollution
　································· 6, 151, 163, 193, **205**
有機態　organic ········ 148, 154, 156, 176, 193, 196
有効摩擦速度　effective friction velocity
　　································· **117**, 120
有効容量　active storage capacity ············ **221**

よ

溶存酸素量DO　dissolved oxygen
　································· 55, 94, 98, **157**
溶存性　dissolved
　········ 148, 156, 174, 178, 186, 188, 193, 196, 214
溶存性物質　dissolved matter ············ **9**, 13, 102, 188
溶存性無機物　dissolved inorganic matter ···· **186**
溶存性有機物　dissolved organic matter
　································· 149, 160, 178, 186

ら

ラージ・エディ・シミュレーション
　　Large Eddy Simulation (LES) ············ **39**
落石　rock fall ············ **106**
螺旋流　spiral flow ············ **110**
乱流拡散　turbulent diffusion ············ **14**, 42
乱流拡散係数　eddy diffusivity ············ **32**, 44, 47

り

利水　water use ············ **1**, 50, 139, 179, 221

流域土砂動態モデル
basin sediment runoff model ················ **126**
粒径階　size class ··············· 119, **120**, 127, 133
流砂　transported sediment
··············· **100**, 117, 125, 139, 221
粒子性（懸濁性）　particulate
··············· **148**, 156, 184, 193, 196
粒子性物質　particulate matter
··············· **9**, 13, 61, 102, 178
流水型ダム　flood mitigation dry dam ········· **222**
流速　velocity ····················· **10**, 47
流速分布　velocity profile ··········· **11**, 15, 33, 47
流体力学　fluid mechanics ················ **1**, 9
粒度分布　sediment size distribution
··············· **119**, 125, 130, 134
流量　discharge, flow rate
··············· **11**, 12, 35, 47, 49, 97, 123, 214, 229, 232
流路形態　channel configuration ········ **109**, 146
林内雨　through rainfall ················· **16**, 178

れ

冷水放流　cold water discharge ············ **56**, 217
礫　gravel ············· **100**, 136, 146, 220, 224, 231

礫河原　gravel bed ························ **225**
連続式　continuity equation ···· **10**, 40, 43, 44, 134
連続成層　continuous stratification ············ **31**
連続培養系　chemostat ···················· **195**

ろ

ロスビー変形半径　Rossby radius of deformation
··············· **30**

わ

湾曲内岸砂州　point bar ·················· **110**

欧文など

f-平面近似　f-plane approximation ············ **30**
psu　Practical Salinity Unit ·············· **65**, 68
RANS方程式
Reynolds-Averaged Navier-Stokes equations
··············· **38**
Simpson指数　Simpson Index ············ **235**, 240
σ_t　sigma-t ···························· **67**

土木学会　水工学委員会の本

(2022年3月時点)

書　名	発行年月	版型：頁数	本体価格
※ 水理公式集例題集　昭和60年版	昭和63年9月	B5：310	7,000
※ 水理公式集　平成11年版	平成11年11月	B5：713	13,000
水理実験指導書　平成13年版	平成13年3月	B5：134	
水理公式集　例題プログラム集（平成13年版）	平成14年3月	CD-ROM	
日本のかわと河川技術を知る〜利根川〜	平成24年12月	B5：355	
※ 水理実験解説書　2015年度版	平成27年2月	A4：107	1,300
※ 環境水理学	平成27年3月	A5：261	2,400

※は、土木学会および丸善出版にて販売中です。価格には別途消費税が加算されます。

社会を支える土木学会
頼れるパートナー、土木学会

土木学会は、自然への理解と畏敬のもと、美しく豊かな国土と持続可能な社会づくりに貢献しています。

土木学会の会員になりませんか！

土木学会の取組と活動
- 防災教育の普及活動
- 学術・技術の進歩への貢献
- 社会への直接的貢献
- 会員の交流と啓発
- 土木学会全国大会（毎年）
- 技術者の資質向上の取組み（資格制度など）
- 土木学会倫理普及活動

土木学会の本
- 土木学会誌（毎月会員に送本）
- 土木学会論文集（構造から環境の分野を全てカバー/J-stageに公開された最新論文の閲覧／論文集購読会員のみ）
- 出版物（示方書から一般的な読み物まで）

公益社団法人 土木學會　TEL：03-3355-3441（代表）／FAX：03-5379-0125
〒160-0004　東京都新宿区四谷1丁目（外濠公園内）

土木学会へご入会ご希望の方は、学会のホームページへアクセスしてください。
http://www.jsce.or.jp/

定価 2,640 円（本体 2,400 円＋税 10%）

環境水理学

平成 27 年 3 月 10 日　第 1 版・第 1 刷発行
令和　2 年 2 月　5 日　第 1 版・第 2 刷発行
令和　4 年 4 月 15 日　第 1 版・第 3 刷発行

編集者……公益社団法人　土木学会　水工学委員会
　　　　　環境水理部会
　　　　　部会長　二瓶　泰雄
発行者……公益社団法人　土木学会　専務理事　塚田　幸広

発行所……公益社団法人　土木学会
　　　　　〒160-0004　東京都新宿区四谷 1 丁目（外濠公園内）
　　　　　TEL　03-3355-3444　FAX　03-5379-2769
　　　　　http://www.jsce.or.jp/
発売所……丸善出版株式会社
　　　　　〒101-0051　東京都千代田区神田神保町 2-17
　　　　　TEL　03-3512-3256　FAX　03-3512-3270

©JSCE2015／Committee on Hydroscience and Hydraulic Engineering
ISBN978-4-8106-0801-4
印刷・製本・用紙：勝美印刷（株）

・本書の内容を複写または転載する場合には、必ず土木学会の許可を得てください。
・本書の内容に関するご質問は、E-mail（pub@jsce.or.jp）にてご連絡ください。